新光传媒◎编译

Eaglemoss出版公司◎出品

FIND OUT MORE

天文学

石油工業出版社

图书在版编目（CIP）数据

发现之旅：天文学 / 新光传媒编译. -- 北京：石油工业出版社，2020.3

（发现之旅. 科学篇）

ISBN 978-7-5183-3153-6

Ⅰ. ①天… Ⅱ. ①新… Ⅲ. ①天文学－普及读物 Ⅳ. ①P1-49

中国版本图书馆CIP数据核字（2019）第035380号

发现之旅：天文学（科学篇）

新光传媒　编译

出版发行：石油工业出版社

（北京安定门外安华里 2 区 1 号楼　100011）

网　　址：www.petropub.com

编 辑 部：（010）64523783

图书营销中心：（010）64523633

经　　销：全国新华书店

印　　刷：北京中石油彩色印刷有限责任公司

2020 年 3 月第 1 版　2020 年 3 月第 1 次印刷

889×1194 毫米　开本：1/16　印张：8.5

字　　数：95 千字

定　　价：36.80 元

（如出现印装质量问题，我社图书营销中心负责调换）

版权所有，翻印必究

© Eaglemoss Limited, 2020 and licensed to Beijing XinGuang CanLan ShuKan Distribution Co., Limited

北京新光灿烂书刊发行有限公司版权引进并授权石油工业出版社在中国境内出版。

编辑说明

“发现之旅”系列图书是我社从英国 Eaglemoss（艺格莫斯）出版公司引进的一套风靡全球的家庭趣味图解百科读物，由新光传媒编译。这套图书图片丰富、文字简洁、设计独特，适合 8 ~ 14 岁读者阅读，也适合家庭亲子阅读和分享。

英国 Eaglemoss 出版公司是全球非常重要的分辑读物出版公司之一。目前，它在全球 35 个国家和地区出版、发行分辑读物。新光传媒作为中国出版市场积极的探索者和实践者，通过十余年的努力，成为“分辑读物”这一特殊出版门类在中国非常早、非常成功的实践者，并与全球非常强势的分辑读物出版公司 DeAgostini（迪亚哥）、Hachette（阿谢特）、Eaglemoss 等形成战略合作，在分辑读物的引进和转化、数字媒体的编辑和制作、出版衍生品的集成和销售等方面，进行了大量的摸索和创新。

《发现之旅》（*FIND OUT MORE*）分辑读物以“牛津少年儿童百科”为基准，增加大量的图片和趣味知识，是欧美孩子必选科普书，每 5 年更新一次，内含近 10000 幅图片，欧美销售 30 年。

“发现之旅”系列图书是新光传媒对 Eaglemoss 最重要的分辑读物 *FIND OUT MORE* 进行分类整理、重新编排体例形成的一套青少年百科读物，涉及科学技术、应用等的历史更迭等诸多内容。全书约 450 万字，超过 5000 页，以历史篇、文学·艺术篇、人文·地理篇、现代技术篇、动植物篇、科学篇、人体篇等七大板块，向读者展示了丰富多彩的自然、社会、艺术世界，同时介绍了大量贴近现实生活的科普知识。

发现之旅（历史篇）： 共 8 册，包括《发现之旅：世界古代简史》《发现之旅：世界中世纪简史》《发现之旅：世界近代简史》《发现之旅：世界现代简史》《发现之旅：世界科技简史》《发现之旅：中国古代经济与文化发展简史》《发现之旅：中国古代科技与建筑简史》《发现之旅：中国简史》，主要介绍从古至今那些令人着迷的人物和事件。

发现之旅（文学·艺术篇）：共 5 册，包括《发现之旅：电影与表演艺术》《发现之旅：音乐与舞蹈》《发现之旅：风俗与文物》《发现之旅：艺术》《发现之旅：语言与文学》，主要介绍全世界多种多样的文学、美术、音乐、影视、戏剧等艺术作品及其历史等，为读者提供了了解多种文化的机会。

发现之旅（人文·地理篇）：共 7 册，包括《发现之旅：西欧和南欧》《发现之旅：北欧、东欧和中欧》《发现之旅：北美洲与南极洲》《发现之旅：南美洲与大洋洲》《发现之旅：东亚和东南亚》《发现之旅：南亚、中亚和西亚》《发现之旅：非洲》，通过地图、照片和事实档案等，逐一介绍各个国家和地区，让读者了解它们的地理位置、风土人情、文化特色等。

发现之旅（现代技术篇）：共 4 册，包括《发现之旅：电子设备与建筑工程》《发现之旅：复杂的机械》《发现之旅：交通工具》《发现之旅：军事装备与计算机》，主要解答关于现代技术的有趣问题，比如机械、建筑设备、计算机技术、军事技术等。

发现之旅（动植物篇）：共 11 册，包括《发现之旅：哺乳动物》《发现之旅：动物的多样性》《发现之旅：不同环境中的野生动植物》《发现之旅：动物的行为》《发现之旅：动物的身体》《发现之旅：植物的多样性》《发现之旅：生物的进化》等，主要介绍世界上各种各样的生物，告诉我们地球上不同物种的生存与繁殖特性等。

发现之旅（科学篇）：共 6 册，包括《发现之旅：地质与地理》《发现之旅：天文学》《发现之旅：化学变变变》《发现之旅：原料与材料》《发现之旅：物理的世界》《发现之旅：自然与环境》，主要介绍物理学、化学、地质学等的规律及应用。

发现之旅（人体篇）：共 4 册，包括《发现之旅：我们的健康》《发现之旅：人体的结构与功能》《发现之旅：体育与竞技》《发现之旅：休闲与运动》，主要介绍人的身体结构与功能、健康以及与人体有关的体育、竞技、休闲运动等。

“发现之旅”系列并不是一套工具书，而是孩子们的课外读物，其知识体系有很强的科学性和趣味性。孩子们可根据自己的兴趣选读某一类别，进行连续性阅读和扩展性阅读，伴随着孩子们日常生活中的兴趣点变化，很容易就能把整套书读完。

目录 CONTENTS

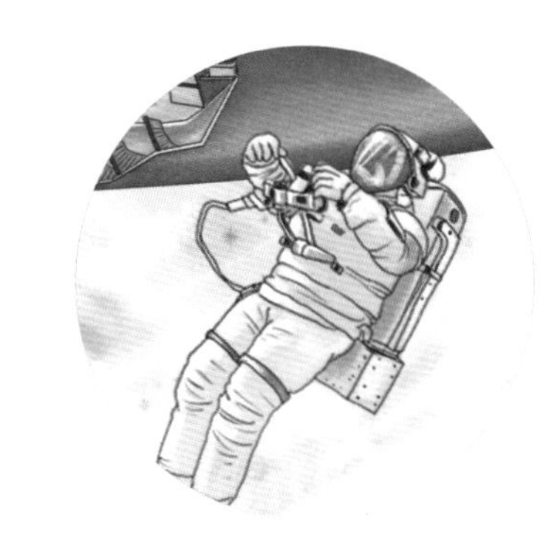

大气

地球的周围包裹着一层薄薄的空气，被称为大气。没有它，我们就不能生存。它为我们提供了呼吸的空气和饮用水，还为我们保暖，并保护我们免遭陨石和太阳辐射的伤害。

在晴朗的天气，举首仰望天空，蔚蓝色的大气看起来好像是向上无限延伸的。实际上，与地球直径相比，大气层的厚度就相当于包裹着橘子的橘子皮。从地面上算起，大气层仅有大约700千米厚，再往外它就慢慢变得稀薄，最终消散在空旷的太空中。

在接近地球表面的地方，大气层中充满了空气。这种气体混合物包含78%的氮气和21%的氧气，另外还含有少量的氩气、二氧化碳、甲烷和其他气体。因为人类和其他许多生物都需要呼吸氧气，所以这种富含氧气的混合气体对地球上的生命是至关重要的。

不过大气层中的绝大部分空气极其稀薄，我们无法在其中存活。较轻的气体分子，如氢气和氦气会通过大气层的最外边界持续不断地向外太空逸散。根据温度随垂直高度的变化情况，

▲ 在夏季的极地上空，距地面70～90千米的中间层偶尔会出现夜光云。由于夜光云非常高，所以在太阳落山夜幕降临之后，它们同样可以捕获阳光，从而发出美丽的光芒。

可以把大气层划分为不同的几层。靠近地表的一个薄层被称为对流层，其中包含了足够的氧气，可供我们自由地呼吸。

对流层

对流层是从地表延伸到距离地面大约 12 千米处的大气，但是这一层中的空气含量超过了大气层中所有空气的 75%，此外还有大量的水汽和尘埃微粒。随着阳光照射大地，这层厚厚的混合气体的温度不断升高，从而不断发生对流。在对流层中，空气分子从顶部运动到底部只需要数天时间，如果是在一场猛烈的暴风雨中，则只需要几分钟就能完成。

对流层中气流的运动导致了天气状况的变化，因此有时我们又称对流层为气象层。对流层是唯一含有大量水蒸气的大气层，所以几乎所有的云团都在这里形成。

◀ 地球大气层从顶部到底部只有大约 700 千米厚，而地球的直径约为 12745.6 千米，是大气层厚度的 18 倍。

对流层底部的平均温度是 15℃。通常情况下，越往上就越冷，空气的温度随着海拔的升高而不断下降，直到对流层的边界。这个边界叫对流层顶，在赤道上方对流层顶的高度大约是 18 千米，而在极地它的高度为 8 千米左右。对流层顶的平均温度低至大约 –60℃。

平流层

对流层顶之上的一层大气叫作平流层，它延伸到距离地表大约 50 千米的高度。这里的空气特别稳定而且明朗干净，因此各种喷气式飞机都会穿越天气多变的对流层升入平流层飞行，从而避免了对流层中气流的干扰。但是平流层的空气非常稀薄，因此飞机的机舱必须加压以保证旅客的安全。如果一架客机的舱体遭到了破坏，空气泄漏到舱外，就会有特制的防护面罩从机舱天花板上降下，乘客可以通过面罩呼吸到氧气。

只有很少的水蒸气能上升到平流层的高度，所以平流层中万里无云。不过，在南北极地区的黄昏时分和夜间，高高的平流层中偶尔会出现一种羽毛状的发光的云，被称为珠母云，因为它们看起来很像珍珠母（蚌类贝壳的珍珠层）。当高山上的风把微小的冰冷水滴吹到 20 千米或者更高的高空时，就可能形成珠母云。

平流层内有一个臭氧层。尽管臭氧有毒，无法用来呼吸，但是它能够吸收太阳放射出的对人体有害的紫外线。所以科学家们一直很担心臭氧层空洞的扩大。

▲ 在高高的平流层中，珠母云在傍晚的夜空中发出了美丽的微光。它们一般会在距离地表 20 ~ 30 千米的高空出现。

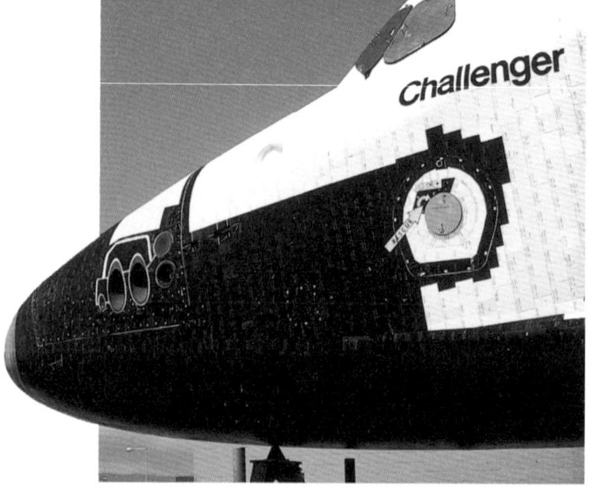

▲ 航天飞机的表面覆盖着一层隔热材料，隔热材料是用经过特殊加工的陶瓷制成的。当航天飞机完成太空探测任务重返地球大气层时，这些陶瓷可以防止飞机被热层中的炽热空气焚毁。

在对流层中，温度随着高度的上升而下降。但是在平流层中，随着高度的增加，空气不断变暖，温度从对流层顶的 -60℃逐渐升高到平流层顶（平流层的顶部边界）的 10℃。

大气层的上部

对流层和平流层包含了大气层中气体总量的 94%。可见，另外三个层中的空气确实非常稀薄。中间层的空气如此稀薄，以至于气温在该层的顶部边界——中间层顶骤然下降到 -120℃。中间层顶位于距离地球表面大约 80 千米处。尽管这里空气稀薄，但是仍然足以减缓疾速飞来的陨石。随着陨石的速度不断减慢，它们会燃烧，在夜空中留下明亮的踪迹。午夜时分，有时可以在中间层顶看到罕见的夜光云。

热层从中间层顶延伸到距地表 500 千米（太阳活动期）处。这里的空气更加稀薄，而且完全暴露在来自太阳的紫外线的辐射下。太阳射线使热层的温度迅速升高到 3000℃。

热层之上就是大气层的最外层，被称为外层（也叫散逸层）。这一层的最外层边界距离地面大约有 700 千米。在这里，空气变得越来越稀薄，质量较轻的气体分子不断向外面的宇宙空间逸散。

宇宙的形成

地球是围绕太阳运转的一颗小行星。太阳呢，不过是我们所处的星系——银河系中数以百万颗恒星中的一颗而已。而我们所处的这个星系和几百万个类似的星系，才共同组成了这个宇宙

大爆炸

宇宙究竟是如何产生的？科学家们现在普遍认为宇宙起源于一次巨大的爆炸。在不到一秒的时间内，一场巨大的爆炸创造了宇宙中的所有物质和能量，并从此产生了时间。最初，这种物质有着令人难以相信的极高的密度和温度，其温度高达100亿摄氏度。当它的体积向外膨胀扩张时，各种恒星与星系开始得以形成。支持上述说法的证据来自射电望远镜所捕捉到的一种微弱的射电信号，这种信号似乎充满了整个宇宙。科学家们认为，这种信号（背景射线）是“大爆炸”遗留下来的能量。

宇宙的演化

美国天文学家埃德温·哈勃（1899—1953）发现，各种星系在不停地向外移动，整个宇宙的体积处在不断膨胀的过程中。用它现在的体积反过来推算，宇宙已走过大约150亿年的岁月了。

大约在“大爆炸”发生后的10亿年，宇宙所产生的物质开始相互聚集成团，而重力又使得更多的物质积聚在一起。在随后的10亿～20亿年间，类似恒星一样的类星体开始出现。类星体最后逐渐发展成为各种星系。

我们所处的这个星系——银河系，大约是在“大爆炸”之后的50亿年间形成的。距离今天约46亿年前，太阳及其行星诞生了，其中就包括我们的地球。这些行星都是由太阳周围的各种残骸碎片形成的。

银河里程计

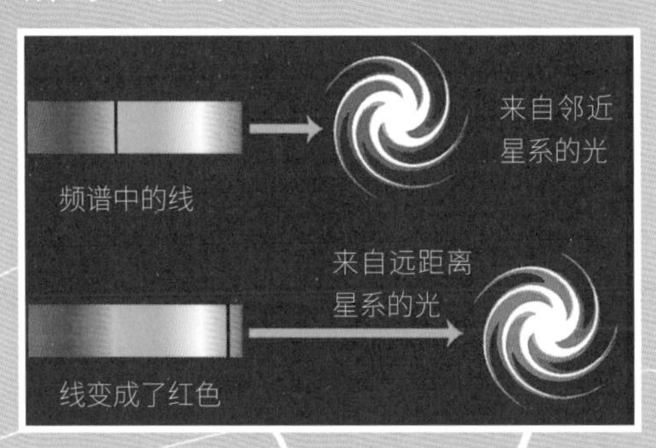

▲ 星系移动的速度越快，它会向光谱表的红色一端转移更多的光线。利用这种“红色转移”，可测量星系的移动速度。

加速离去

离地球最远的其他星系中的各种恒星实在是太远了，以至于它们所散发出来的光芒需要穿梭几十亿年才能到达地球。在如此漫长的时间里，有些恒星也许已经燃烧成了灰烬，有些也许已经分解不见了。所以当我们仰望太空时，我们所见到的只是一幅幅遥远过去的景象。为了方便描述如此遥远的距离，天文学家不再使用我们通常使用的“千米”等距离单位，而是采用了“光年”这种单位。光年就是光在真空中一年内所“跑”过的路程。这个距离约为9.46万亿千米。宇宙中的各种星系以极快的速度向四面八方分散开来，速度最快的就是那些离地球最远的星系。

大开眼界

巨大的宇宙空间

我们知道，光的速度大约是每秒钟30万千米。宇宙到底有多大？我们可以想象一下，光从太阳系的一头“跑”到另外一头需要一天的时间。但要是让光穿越银河系，它需要“跑”10万年，而要到达最远的星系，至少需要100亿年的时间。

宇宙的起源

关于宇宙的起源，科学家有种种猜测。有的观点认为，宇宙从过去就一直存在着；也有人认为，宇宙是从某个有限的时刻开始的。

“大挤压”

在遥远未来的某个时期，由于星系移动得越来越远，所有的恒星可能会停止发光，然后宇宙可能会萎缩。当一切物质又重新回归聚积到一起时，可能会发生一次向内的爆炸——即“大挤压”——之后是“大爆炸”的再次上演，从此又开始一次新的轮回。但也有一些科学家认为，届时宇宙会冷却下来并逐级走向死寂。让我们倍感神秘不解的是，宇宙中的物质第一次是如何产生的？科学家们还将为此争论不知道多少年，也许永远都不会有一个完满的答案。

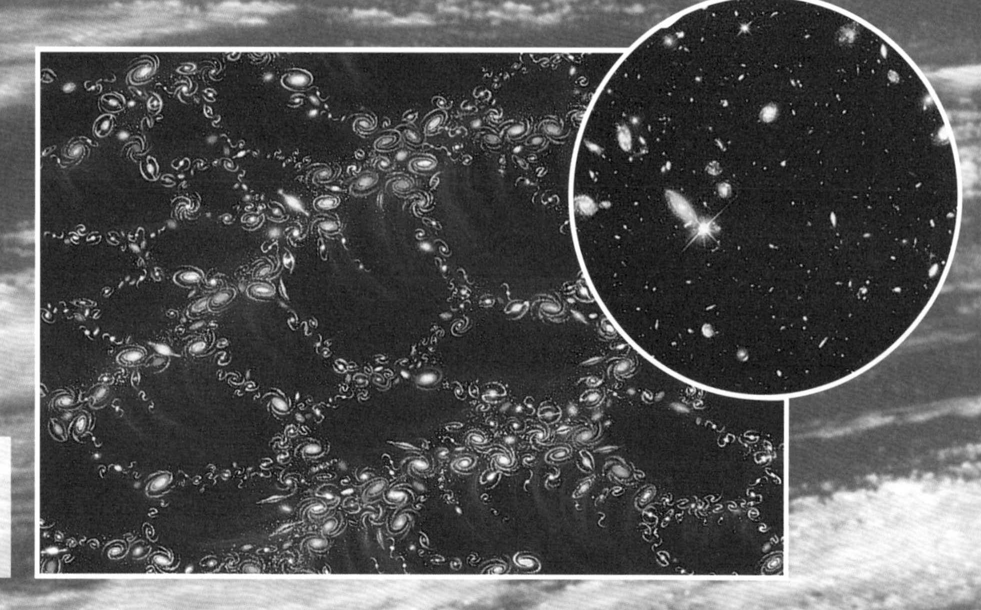

▶ 星系以簇团的形式分布于整个宇宙之中，看上去就好像是海浪上漂浮的团团泡沫一般。

▲ 导致宇宙产生“大爆炸”的原因是一场物质与能量的大爆炸，宇宙从此就开始不断地扩大。

大事记

150 亿年前
宇宙发生“大爆炸”

140 亿年前
各种物质开始积聚

130 亿～120 亿年前
类星体得以形成

120 亿年前
各种星系开始形成

100 亿年前
“银河系”得以形成

46 亿年前
出现太阳，地球得以形成

35 亿年前
生命在地球上开始出现

19 亿年前
地球上的“恐龙时代”

200 万年前
出现人类

太阳和太阳系

太阳是一颗普通的星星，就像你能看见的所有在夜晚中的星星一样。但是对于我们和所有生活在地球上的动物、植物来说，太阳却是一颗非常特殊的星辰。

一直以来，人们认为太阳非常重要，而且经常把它当作神来崇拜。如果没有太阳的热能和光能，地球上将没有任何生命。甚至像石油、煤、天然气这些从地下被挖出来，用来燃烧并从中获得能量的东西，都是好几亿年前在太阳底下生长出来的植物和动物的遗留物。

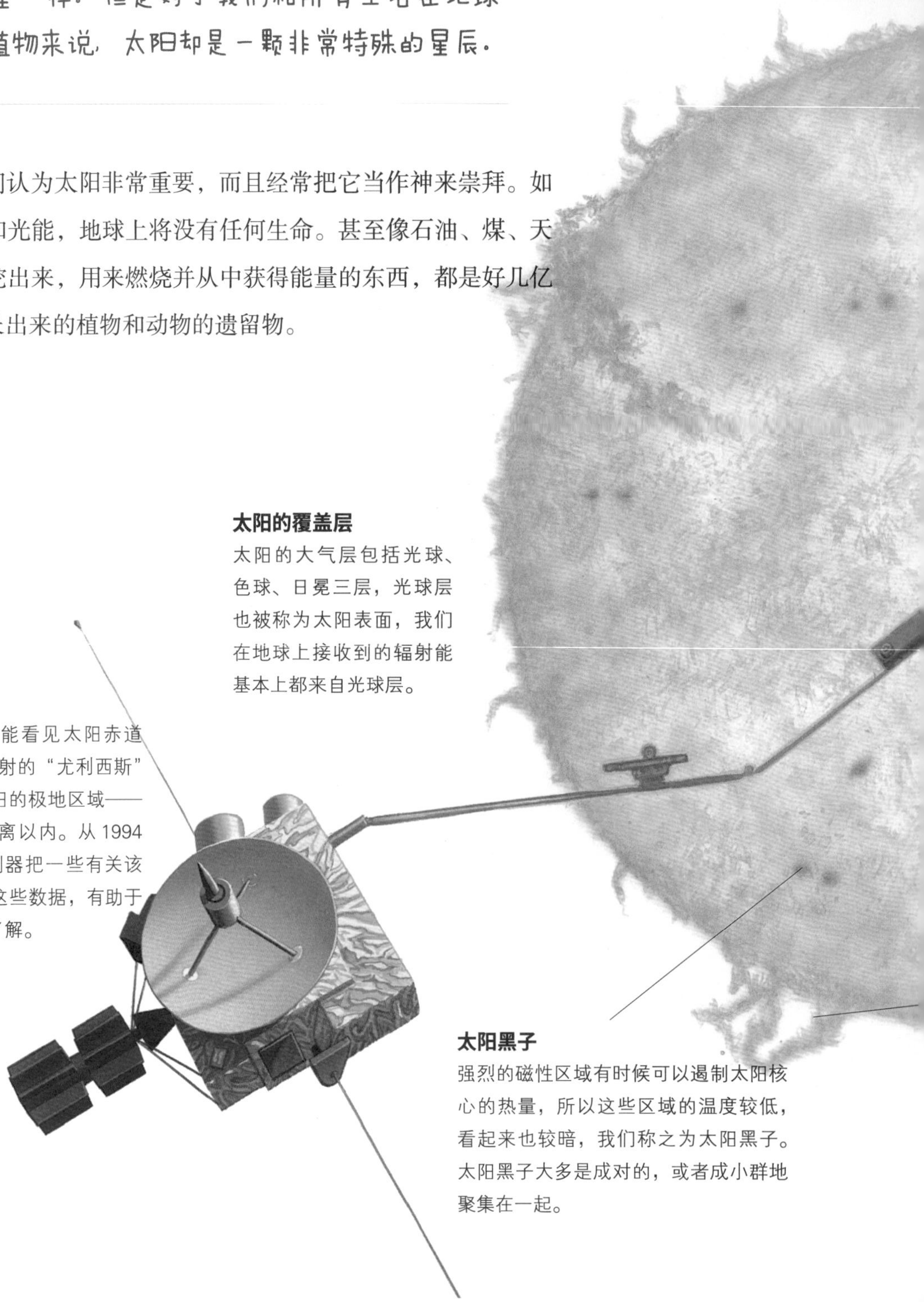

太阳的覆盖层

太阳的大气层包括光球、色球、日冕三层，光球层也被称为太阳表面，我们在地球上接收到的辐射能基本上都来自光球层。

尤利西斯探测器

从地球上，科学家们只能看见太阳赤道周围的区域。1990 年发射的“尤利西斯”号飞船，则遨游到了太阳的极地区域——当然是在一个安全的距离以内。从 1994 年至 1995 年，这个探测器把一些有关该区域的数据传送回来，这些数据，有助于对太阳磁性进行更好地了解。

太阳黑子

强烈的磁性区域有时候可以遏制太阳核心的热量，所以这些区域的温度较低，看起来也较暗，我们称之为太阳黑子。太阳黑子大多是成对的，或者成小群地聚集在一起。

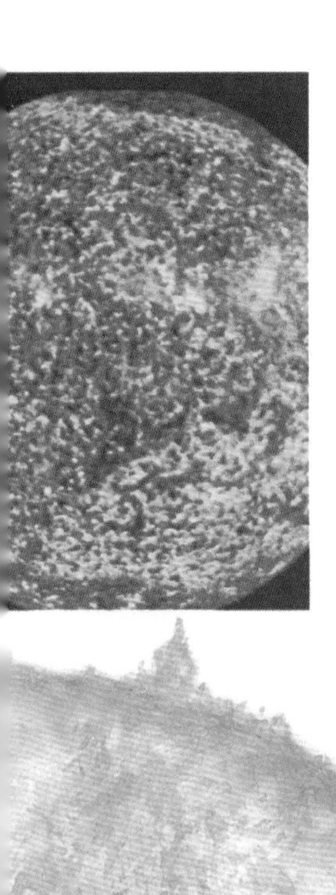

这张太阳的紫外线假彩色*图片，是1973年由美国的国家航空和宇宙航行局的太空实验室太空站记录下来的，它显示出当时最大的日珥之一———一个高达几万千米的烧焦了的热气体巨柱。

来自太阳的能量

太阳是一个由极热的氢气和氦气组成的巨型球体，离我们大约有1.5亿千米。它的直径约为139万千米，而且它的体积是地球体积的130万倍。只不过，因为太阳离我们非常遥远，所以它看起来只是像月亮那么大，但实际上月亮比地球还要小。

太阳表面附近的温度约6000摄氏度，但是它的中心温度大约有1500万～2000万摄氏度。在太阳的热核中，巨大的能量都以光和热的形式存在着，它是在被称为核聚变的过程中产生的，在此过程中，氢气转变成氦气，也就是说这些能量让太阳发光。

日珥

有时，磁力会推动又红又热的气体形成巨大的弧形喷射气流，它们被称为日珥。日珥可以从内部大气层（色球层）中射出来，延长并穿越太阳的外部大气层(日冕)，长达数月之久。

太阳耀斑

在太阳的表面，耀斑看起来格外耀眼，它们通常距离太阳黑子很近。

气圈和针状物

我们把太阳表面那些相对较小的，不会飞离太阳的日珥称为气圈，而把速度约每秒20千米的垂直喷射状的气体称为针状体。

小实验

将要燃尽的太阳

太阳目前年龄约50亿岁，现在太阳质量大约3/4是氢，大概50亿至60亿年后，太阳内部的氢将会消耗殆尽。

太阳的核心将会收缩，余下的部分将会扩张而且会变得更亮，成为一个很热的红色巨星。

* 假彩色是指通过特殊摄影、图像合成技术形成的，与事物原有的天然色彩不同的颜色。

奇特的天文景观——日食

当太阳的光照射到月亮上时，会有一个阴影投射到它的后面。当月亮经过地球和太阳之间时，月亮的阴影就投射到地球上，这时，从我们的视野来看，太阳被挡住了——这就是日食。然而，因为月亮比太阳小很多，还离它非常遥远，所以在地球表面上，只有很小的范围在任何时候都是黑暗的。在地球完全被笼罩在阴影中的区域，就会出现全食。然而，即使在这里，您仍能看到来自太阳光冕的燃烧的气体，它发出的晕光围绕在月亮黑色轮廓的边缘。在主要阴影区域之外的一定距离内，仍能看到太阳的一部分从月亮的边缘处显现出来，这就是偏食。

由于月亮按照椭圆的轨道运行，所以，它的阴影大小随着与地球距离的变化而变化。在距离地球最远的地方，月亮看起来小得无法完全覆盖住太阳，这就是环食。

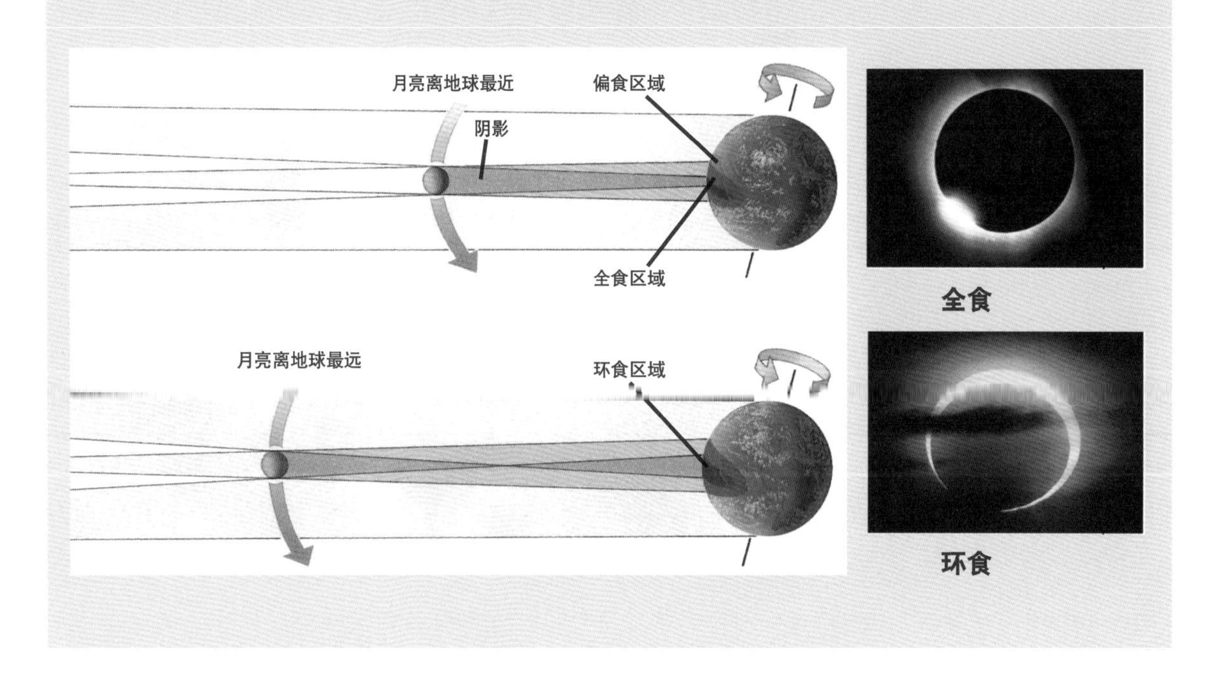

> **警告！**
>
> **绝不要直视太阳或通过望远镜看它——太阳极为耀眼，你的视力可能会因此严重受影响，严重的可能会成为盲人；戴着太阳镜看太阳也不可取！**

除了热量和光，太阳还释放 X 射线，以及紫外线。然而，它们大多数都被包围我们的大气层吸收了，所以并不会对我们造成太大的影响。

太阳上的活动

在太阳的近距离的照片上，它看起来就像是一口冒气的大“锅炉”，而“锅炉”中的气体，不断地被喷涌出来又跌落回去。气体持续不断地从太阳的上面喷发出来，形成了一个模糊的燃烧的圆圈。而这种景象我们只有在日全食的时候才能够看到。

有时候，太阳上面会有一种被称为“太阳黑子”的黑暗的瑕疵。这实际上是一些温度比较低的区域，是强烈磁性区域的中心。它们的直径可达数万千米。它们在太阳的表面上，有时会存在数周左右。太阳黑子数平均以 11 年为一个周期，每个周期变化一次。当太阳黑子非常多的时候，太阳的其他特性也表现得很活跃。

热气体的巨大气流从太阳上剧烈射出，高达数十万千米，有时更多。它们被称为日珥。在太阳黑子的附近，像巨大的闪电似的耀斑也能够随时爆发这种现象。

从太阳上射出的粒子大约会用两天左右的时间，穿越宇宙来到地球。当它们到达我们这里时，给黑夜的天空带来的亮光，我们称之为极光。它们能够干扰地球上的无线电信号。普通的太阳光从太阳到达地球大约要 8 分 18 秒的时间。

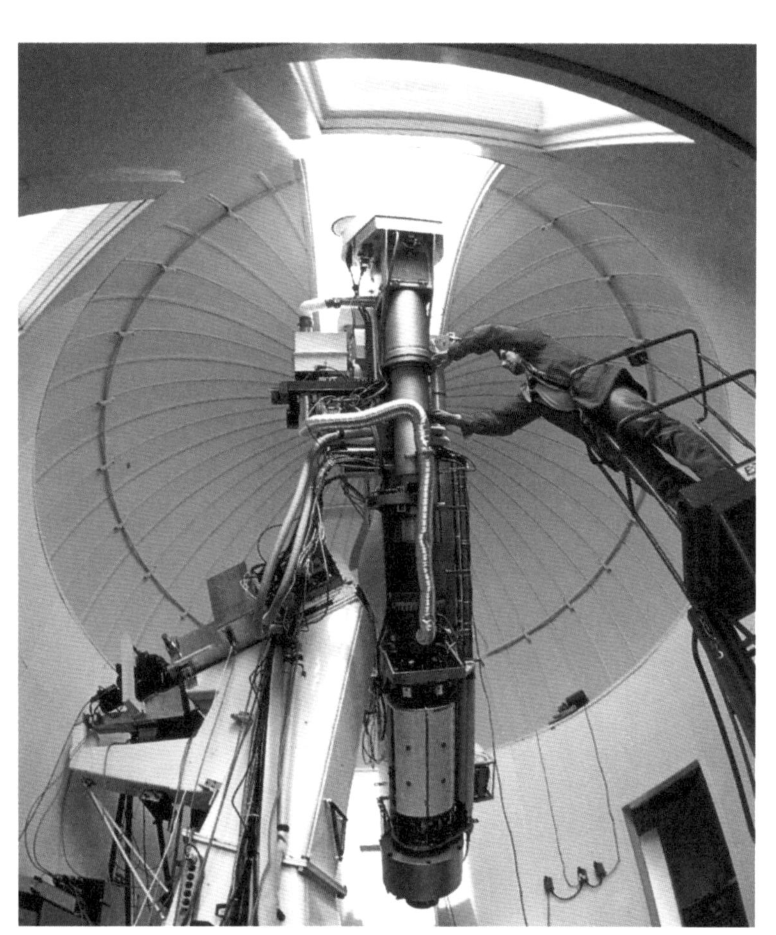

事实档案

太阳到地球的距离

约 1.5 亿千米

太阳的直径

约 139 万千米

太阳的自转周期

约 25 个地球日（赤道处）

太阳体积

是地球的 130 万倍

表面温度

6000 摄氏度

核心温度

约 1500 万～ 2000 万摄氏度

在夏威夷莫纳罗亚火山的太阳望远镜之处，一位天文学家为观察日全食准备了仪器。在这里，你能看到大多数观察设备都在冷却，因为当你通过望远镜聚焦时，你会发现太阳的光线是极热的。

▲ 在美国亚利桑那州基塔山国家观察站的麦克马斯太阳望远镜，是世界上同类型的望远镜中最大的。在塔顶，有一面直径为 1.5 米的镜子，通过望远镜内部的对角线路径，反射太阳的图像。在观察室内，天文学家必须佩戴深色眼镜保护眼睛，以免受到投影图像的强光的刺激。

太阳系

按轨道围绕太阳运行的是太阳的主要行星族。许多行星都有自己的卫星。在太阳系中，还有成千上万的小行星和其他成百上千的更小的天体。它们包括彗星，也可能还有 50 亿年前太阳从一团气云开始形成时产生的垃圾碎片——流星群。所有这一切，组成了我们的太阳系。太阳重力的强大拉力把所有星星都聚在了一起。

太阳系中的主要行星有水星、金星、地球、火星、木星、土星、天王星和海王星。除了水星和金星，所有的行星都至少有 1 个“月亮”（卫星）围绕它们运转。在太阳系中，我们已经知道的卫星有 60 多颗。

太阳系是巨大的，它的直径大约 90 多亿千米，但它只是宇宙中很微小的一部分。整个太阳系围绕银河系的中心轨道运行，在银河系中大约有上万亿的星系。

太阳和它的行星族每围绕银河系的中心轨道运行一次，就需要 2.5 亿年（一个宇宙年），它们每秒大约运行 250 千米。

太阳系的大小

各个行星轨道之间的距离是很大的。你可以在游戏场地做一个等比例模型，自己看一看。你需要准备 9 个标志桩——每一个桩代表一颗行星，还有一个代表太阳。把代表太阳的桩放在场地的末端。水星离太阳最近，在离太阳 33 厘米左右的地上放一个桩；金星其次，把它放在距离太阳 75 厘米左右的地方；把地球放在 1 米左右的地方；然后是火星，把它放在 1.5 米远的地方；把木星放在 5 米远处；把土星放在 10 米远处；把天王星放在 21 米远处；把海王星放在离太阳 32 米左右的地方。然后，比较一下你与地球的距离和你与太阳的距离。但是，现在请在图中的银河系中，找那根最微小的光线——那就是我们的整个太阳系！

行星轨道

行星按照椭圆形的路径围绕太阳运行，因此，它们与太阳之间的距离一直都在不停地变化。太阳系的形状像一个接近扁平的盘子，因为所有的行星轨道大体都在同一个平面之上。但是，2006 年国际天文学联合大会对行星做了新的定义后，已被驱逐出行星家族的冥王星的轨道比其他行星的轨道要倾斜 17 度，所以它有时会刚好从海王星的路径内穿过。重力作用意味着行星距离太阳越远，它每完成一次轨道运行的时间就越长。

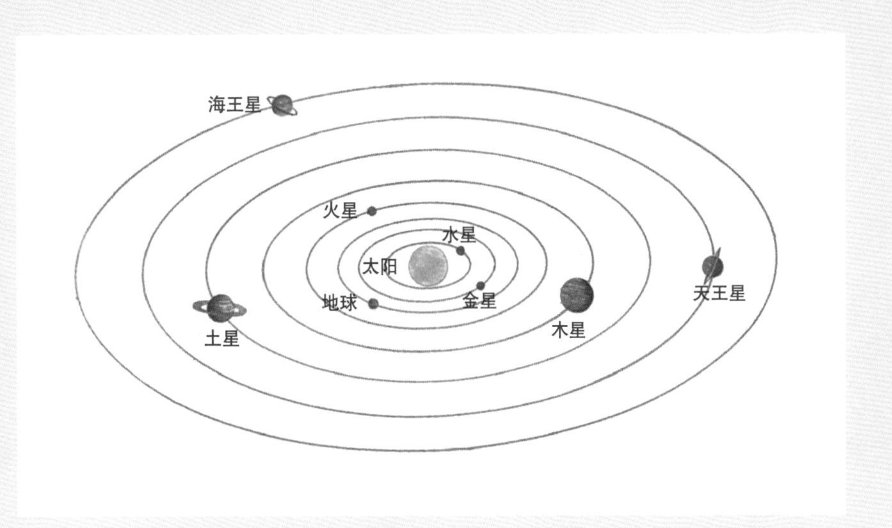

恒星

在清澈的夜空，黑色的天宇被恒星发出的光亮穿透。如果你仔细观察，就会发现，它们在空中缓慢地移动位置，并在黎明时分，从我们的视野之中消失。

每一颗恒星都是一个炽热发光的旋转球体，它们是由被引力吸引在一起的气体粒子构成的。恒星能够发出光和热量，这使得它们在黑暗中也能够被看见。

凝视夜空，你很难意识到那些恒星彼此之间是如此的不同。它们的直径与距离地球最近的

▲ 猎户星座的红色星云，主要由氢气组成，在它之中，恒星正在形成。在它的映衬下，黑色形状的是马头星云，这是正在形成的另一颗恒星的区域。

恒星——太阳的直径相比，有的小 450 倍，有的大 1000 倍。它们有的比太阳重 50 倍，有的只是太阳质量的 1 / 20。恒星的表面温度从 3000℃到 50000℃不等。

恒星的生命

一颗恒星的形成需要数百万年的时间。它先是从一团被称为星云的气体（主要是氢气）和尘土开始的。这团密集的气体，在引力的作用下，将尘土和气体颗粒聚集在一起，形成气团。

当气团收缩时，它中心的热量就会增加。到一定的阶段，热能就会向外迸发，阻止气团的收缩。这时，它就成为一个稳定的、发光的气球，被称为原恒星。

当这颗原恒星足够大时，它的中心温度会继续上升，直到核聚变开始。氢气原子在热量中聚合形成氦气。在这个过程中，能量被释放出来，并从原恒星的中心到达表面，以热和光的形式散逸而去。

在这一阶段，这些恒星实质上是主序星。如果它们和太阳差不多大小，它们会继续将氢转变成氦，这个过程会长达 100 亿年。太阳进行这样的反应，已经有 50 亿年了。在另一个 50 亿年里，它还会持续进行这样的反应。如果恒星比太阳大，它们就会迅速耗尽自己的氢气，这种反应有时仅需要 100 万年。

红巨星

当恒星中央核心的所有氢气都变成氦气时，它向外扩散的能量（辐射）就停止了，然后中央核心就瓦解了。当恒星中心的温度升高，它的外层部分就会剧烈扩张。当它的表面冷却下来后，就会变成红色，成为一颗红巨星。质量大的会变成超大型的红巨星。于是，一系列新的核反应又开始了，氦气变成碳，碳变成氧气，氧气变成氖气，以此类推。

白矮星和黑矮星

像太阳一样大小的恒星会重复地收缩与膨胀，与此同时，它们的外层不断消失。最终，在千百亿年后，所有的核反应都会停止。恒星的外层被称为行星状星云，当它像气体壳儿一样向外膨胀时，会远离恒星。余下的核心收缩，变成白矮星。恒星进入生命的最后阶段。

白矮星表面炽热，但它很小，只和地球一般大，在宇宙中，它们只是极微小的物体。然后，它们逐渐衰弱，变成寒冷的、看不见的黑矮星。

诞生与死亡

千百亿年来，恒星都遵循着自己的生命周期。

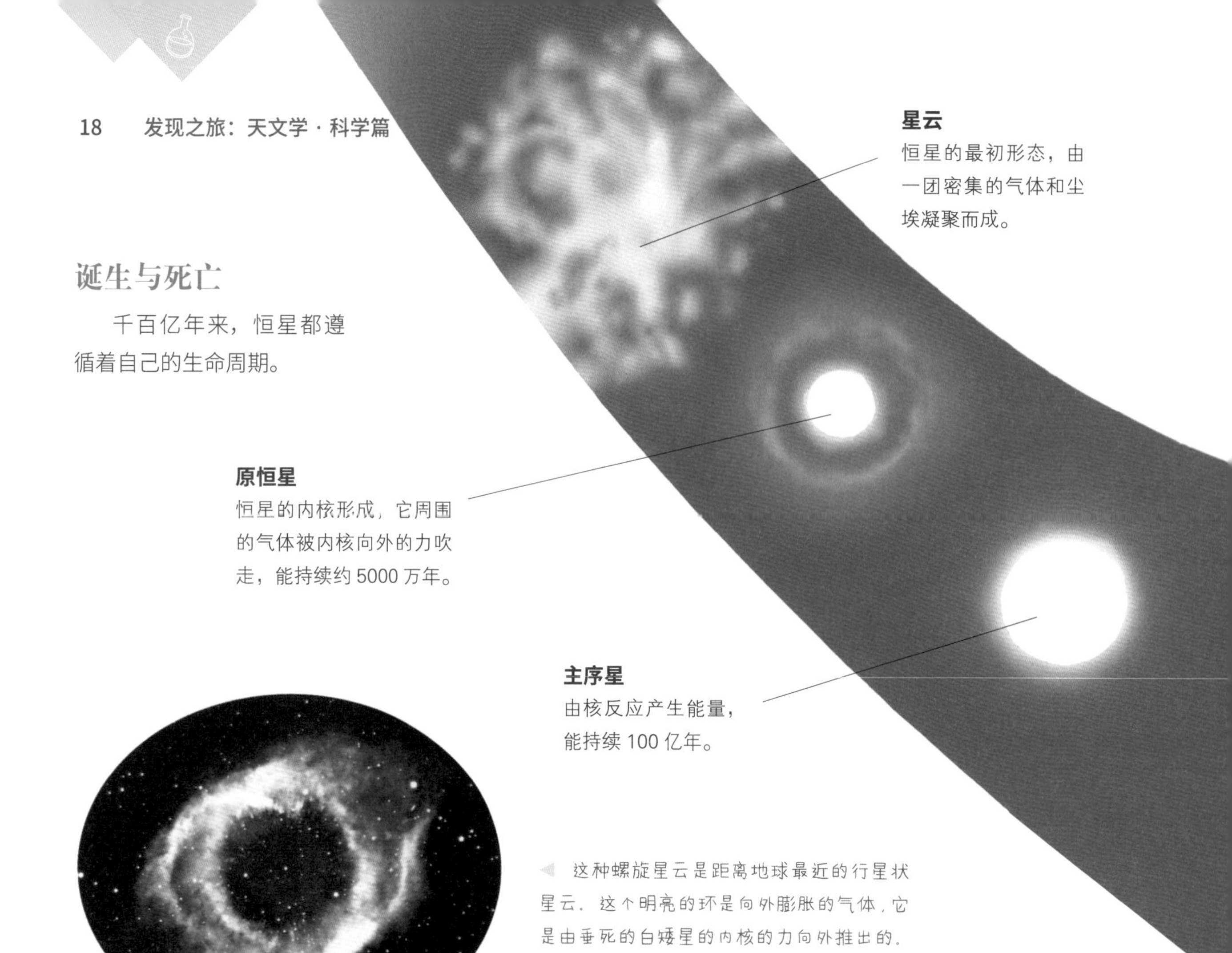

这种螺旋星云是距离地球最近的行星状星云。这个明亮的环是向外膨胀的气体，它是由垂死的白矮星的内核的力向外推出的。

超新星和中子星

当一颗质量很大的恒星瓦解时，在它的核心，密集的热量会突然引发爆炸。这颗恒星就被称作超新星。在爆炸中，它所有的外层都被向外的力吹散到宇宙中去了。

超新星爆炸后，剩下的是恒星的内核。如果它比太阳大 1.4 倍到 3 倍，就会收缩成为中子星。中子星非常小，直径大约只有 10 千米，就像一座城市的大小。中子星是由一种被称为中子的亚原子微粒构成，这些微粒被挤压得非常紧密，其一茶匙的质量就有 100 多万吨！

1967 年，两名英国天文学者约瑟林 · 伯纳尔和安东尼 · 荷魏特，记录下一种无线电脉冲，很明显地来自太空的某一处。它在向外发射的过程中，短暂的间歇非常有规律。实际上，他们发现的是一种新类型的恒星。这是一种快速旋转的中子星。当它旋转时，会向外发射两束无线电波（有时是光波），就像一座灯塔从它旋转的灯泡向外发射光柱一样。当它那有规律的间隔性的电波扫过地球时，这颗星就能被探测到。

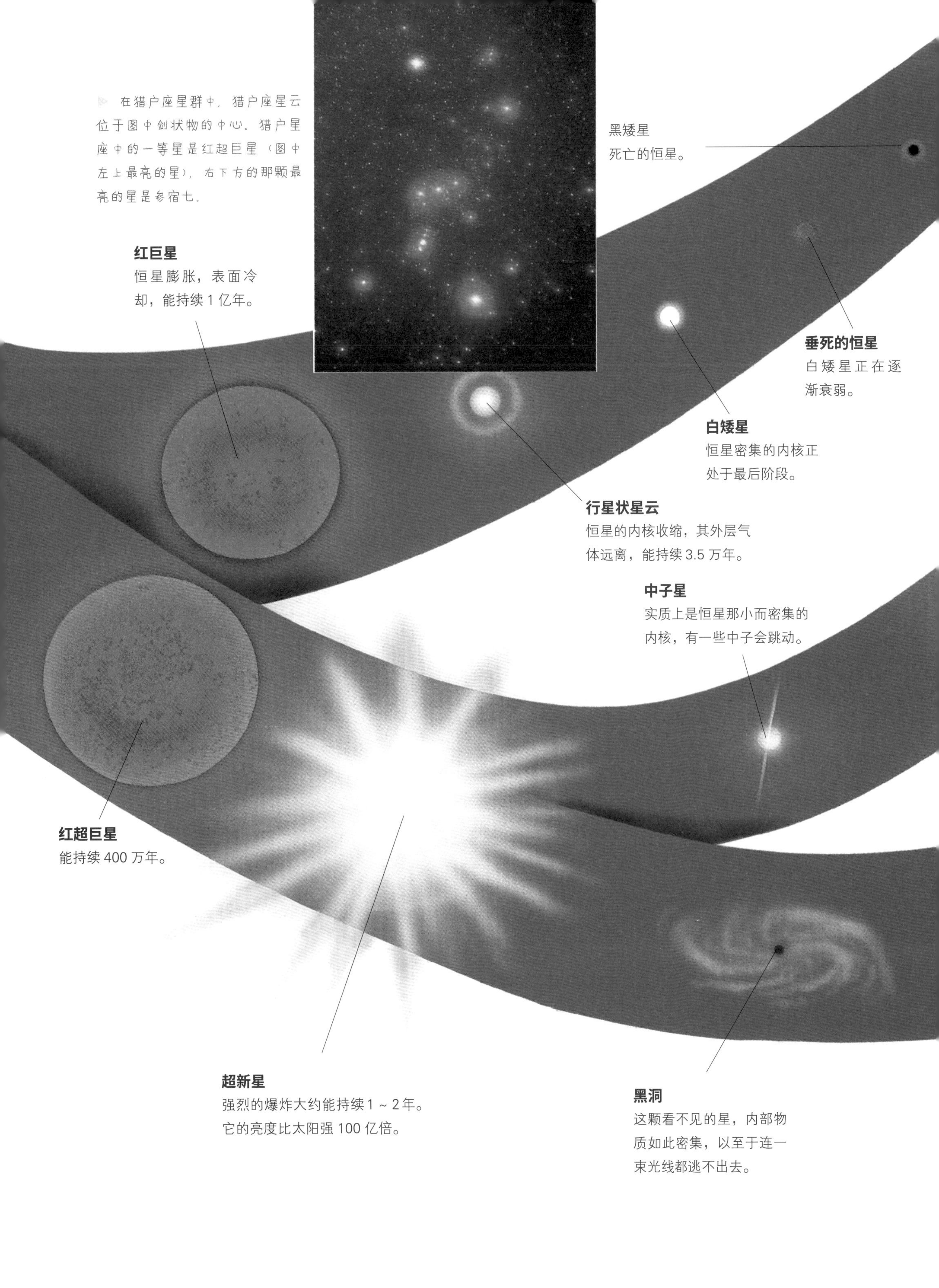

在猎户座星群中，猎户座星云位于图中剑状物的中心。猎户星座中的一等星是红超巨星（图中左上最亮的星），右下方的那颗最亮的星是参宿七。

星星有多远？

天文学家运用视差位移的方法来计算从太阳到其他恒星的距离。你也可以轻易地验证它。如果你把手指举在面前，先用一只眼睛看它，再用另一只眼睛看它，你会感觉到自己的手指变了位置。你的手指离你越近，其视差位移就越大。

一颗恒星以另一颗遥远的恒星为背景，也在改变其位置。如果X星的位置在1月份被标示出来，然后在7月份再度被标示出来，那意味着当地球在它的轨道中的对应点时，它看起来已经移动了位置。

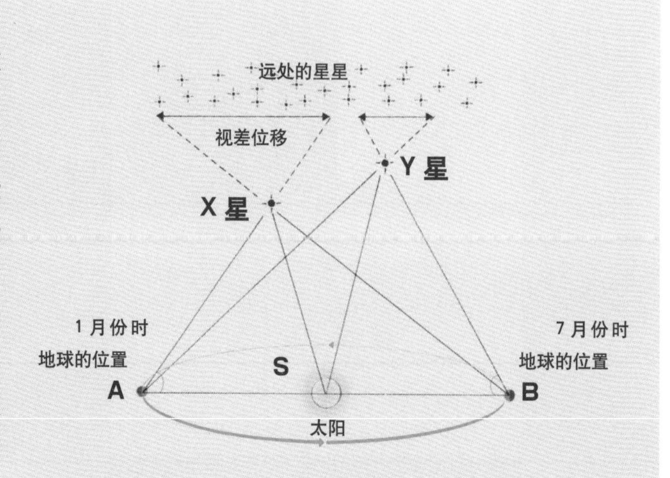

为了计算从星星到太阳的距离，天文学家们绘制了一个类似于上图的三角形图表。如果已知三角形的一条边长，那么在这种情况下，就可以知道地球轨道的半径（AS和BS）。由于X星的移动，在A点和B点形成的角度就可以被测量出来，那么从太阳到X星的距离（SX）就能被计算出来了。对于Y星也可以用同样的方法测量距离。

黑洞

当恒星的内核是太阳大小的3倍多，而且密度无限大时，奇异的事就会发生。当恒星的引力强到连光线都无法逃离，它就成了一个黑洞。如果它靠近另一颗恒星，黑洞就会把那颗恒星上的物质都吸引到围绕在自己边缘的旋涡当中。当被吸引过去的物质围绕黑洞高速旋转时，就会发出天文X射线，从而被天文学家探测到。

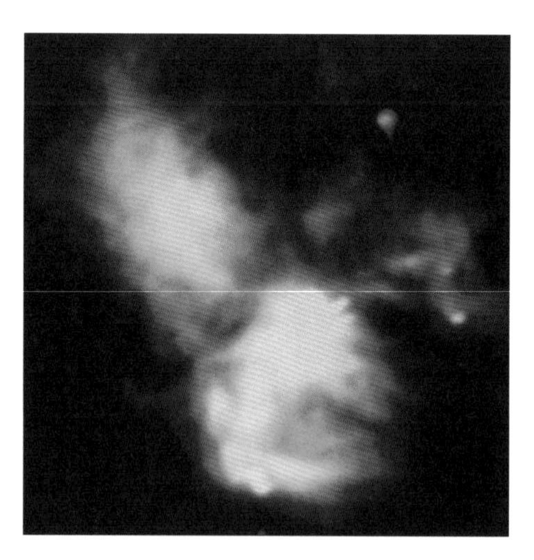

▲ 从蛇夫座β星云的黑暗密集区域发射出来的红外波，这使它们在红外图像中看起来很明亮。

双子星和变星

在我们的银河系中，大约有60%的星星都是成双成对地在太空中穿行，它们被称为双子星。这两颗星星围绕其共同的引力核心，互相按轨道运行。双子星有一些相互离得很近，有一些却可能彼此相距数百万千米。有时候，从地球上看时，一颗恒星会挡住另一颗恒星的亮光。

有一些恒星的亮度变化不定，这可能是由恒星自身的内部变化引起的，或者受到了另一颗恒星的影响，例如那些围绕着它们旋转的星。一些被称为天琴座 RR 变星，在一天内就会变换自己的亮度，其中最著名的是造父变星。它们在改变大小的时候，同时也改变亮度。它们扩张时，会发出更多的亮光；它们收缩时，亮光就要少一些。

测量距离

恒星距离我们如此之远，而且它们相互之间的距离也很大，所以，我们用光年来测量它们的距离。一个光年就是光在一年中走过的距离，即 9.46×10^{15} 米。用这种度量方法，我们发现，太阳光到达地球只需大约 8 分钟，而距离太阳最近的恒星——比邻星的光到达地球大约需要 4.3 光年。

星星的颜色

恒星有不同的颜色。如果你去观察猎户座的星群，你会看到蓝白色的参宿七，以及红色的超巨星。恒星的颜色能显示它的表面温度。最热的恒星是蓝色的，它的表面温度超过 50000℃。黄色的恒星表面温度约 6000℃，红色恒星的表面温度为 3000℃。

词典

收　缩　变得越来越小，越来越密实。

引　力　一个天体吸引另一个天体及其物质的力量。

质　量　天体内部的物质量。

核反应　在核子内或原子中心发生的反应。

大开眼界

脉冲光

1054 年，中国的天文学家们在金牛座的星群中，看到了一颗正在爆炸的恒星。这颗恒星是一颗超新星，在它的身后留下了一个气体云团，这就是我们所知道的螃蟹座星云（如图）。它现在仍然能发出光亮，而且亮度是太阳的 10 万倍。这是因为在它的心脏部位，存在着一颗脉冲星，脉冲光就是由这颗脉冲星发出来的。它每秒钟大约能发射出 30 束无线电脉冲！

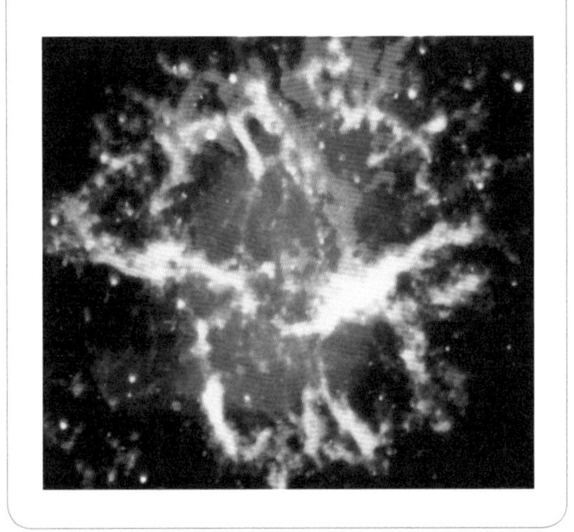

▲ 在这片天蝎座星群的彩色区域中，最大的这团白色是一颗白色恒星——心大星，天蝎座 Σ 星燃烧时为粉红色，蛇夫座 β 星发射出蓝色光亮。

在夜晚的天空中，星星看起来好像是随意散布的。但是，实际上，这些由炽热、发光的气体构成的巨大的球体汇聚在一起，组成了星系。

在宇宙中至少有1000亿个星系。最小的星系包括几十万颗恒星，而最大的星系可能包括几千亿颗恒星。这些恒星引力聚集在星系里面，并围绕着一个中心点盘旋（绕轨道运行）。

星系的形状

恒星聚集在星系中的方式不同，这使得每个星系都具有自己独特的形状。星系有4种主要形状：椭圆形、旋涡形、棒旋形和不规则形。

椭圆星系是最普通的一种星系。在这种星系中的恒星汇聚成一个球形：足球形、橄榄球形，或者两端皆扁的球形。它们主要包括一些已经存在了几十亿年的大龄恒星。

旋涡星系的中央主要是由大龄恒星构成的球形，年轻的恒星从旋涡中央延伸出去，就像

这是一张显示银河星系中心周围景象的图片，它显示了这个星系约5000亿颗恒星中的一部分，在图片中央可以被清楚看见的一片闪亮的星星，被天文学家们称为M24（人马座恒星云）。

"手臂"一样。"手臂"上也包含气体和尘埃，它们经过漫长的时间后会产生出新的恒星。

棒旋星系中心的恒星汇聚成棒状。旋涡状的"臂"分别从"棒"的两端辐射出去。

不规则星系一般来说没有特定的形状，虽然它们当中也有一些星系的形状类似于旋涡形。在所有的星系中，大约有四分之一属于不规则星系。

星系的诞生

每个星系都是在几十亿年前从庞大的旋转的气体和尘埃的云团中开始的。在这些旋转的云团中，当单颗恒星开始形成时，星系也开始成形了，并且逐步进化成目前的形态。星系最终的形状受两个因素的影响：它的旋转速度和恒星在其中的形成速度。比如说，旋涡星系是从旋转着的气体和尘埃的云团中形成的，它在所有气体形成恒星并被耗尽前，逐渐变平形成圆盘状。

大开眼界

接触

在一个小的星系团中，比如本地星系群中，所有的星系都是随机分布的。但是在一个比它大很多的星系团中，星系就会越来越向中心密集。当一个星系沿着它在星系团中的轨道运行时，可能会和其他星系发生接触。两个星系的强大引力会互相作用。这样，其中一个星系中的物质会被吸引出来。而这个星系本身则被拉伸或扭曲，这样它的形状就会彻底改变。有时候两个星系甚至会融合形成一个更大的星系。这张假彩色图片显示了正在相互作用的两个星系 NGC 4038 和 4039。

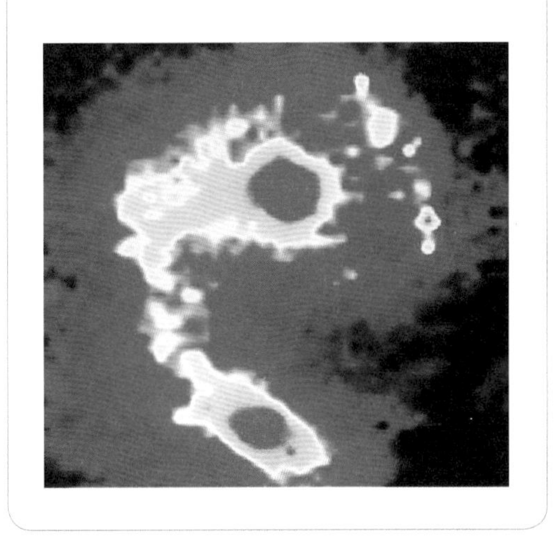

银河

太阳仅是银河星系中约 5000 亿颗恒星中的一颗。银河是旋涡星系，和其他旋涡星系一样，它也是圆盘状的。如果从上往下看或者从下往上看，它非常像一个轮动着的圆形窗户。从一侧看过去，它像一张塞满了原料的薄煎饼。它的基本结构是：中央凸出部分由恒星组成，四条"旋转臂"从中央延伸出去。

太阳位于银河星系的一条"臂"上，这条"臂"被称为本地旋臂，在距离银河系中心距离的 2/3 处。它也不是总处于这个位置。经过很长的时间后，它将会绕银河系中心旋转，在"臂"上移进或移出。太阳在这个系统中以大约 250 千米 / 秒的速度运行，完成绕轨道一周需要大约 2.2 亿年。到现在为止，太阳一共转了约 20 个周期。

银河中所有的恒星都以与太阳相同的方式绕着这个星系的中心移动，每颗恒星都有自己特定的速度。目前在银河的旋涡臂之间也存在恒星，但是它们比"臂"上的年轻恒星要黯淡。

你知道吗？

星系和电波

我们能够看到星系是因为星系中的恒星能够发光。但是我们也可以用不同的方式来“观看”星系，甚至是“听”它们。天文学家们可以使用无线电天文望远镜获取来自星系的无线电波。大多数星系都会发射无线电波，例如天鹅座A，它会从可见星系两边的两团巨大的热气云中发射出无线电波。这些云被称为“瓣”。其他的射电星系从它们的中心发射无线电波。

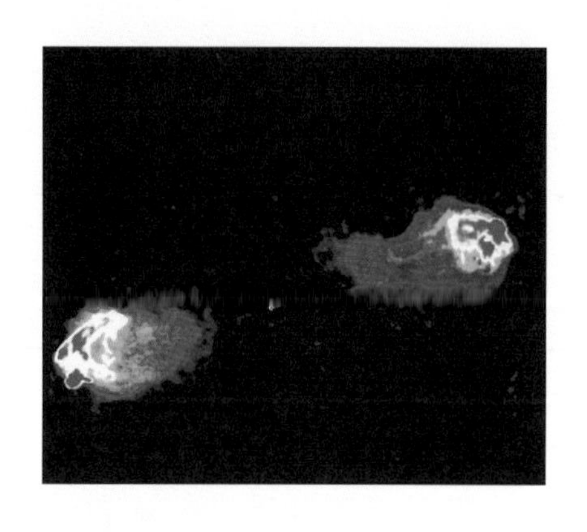

在这个星系的中心凸起部分充满了恒星，它们中的大多数都比处于银河“臂”上的恒星要老、黯淡。想要了解银河正中心是不可能的，但是通过进行其他观测，比如使用 X 射线，天文学家们发现在银河中心有着强烈的、高能量的活动。一种解释是：在这个星系的正中心存在着黑洞，它会将物质吸入其中，就像水流入排水孔一样。围绕整个星系的是一个球形光环，它包含着星系中最古老的恒星群。

我们只能从内部去研究银河，而且从这个位置我们也不能得到一张清晰的结构图。但是，天文学家们可以把使用特殊望远镜观测到的各种资料进行组合，构建一张非常完整的图片。一些研究工作显示，银河星系看起来更像棒状，而不是一个规则的旋涡星系。

星系团

银河星系和其他的星系组成星系团。最小的星系团里仅包含几个星系，而最大的则包括数千个星系。这个星系团被称为本星系群或本星系团。银河星系属于一个约包含 30 个星系的星系团。

一个星系团中的星系由引力约束在一起，并一起运动。银河星系和仙女座星系（另外一个旋涡星系）可能是本星系群中最亮的、质量也最大的星系。其他的星系大多数都是椭圆星系。两个不规则星系——大、小麦哲伦星系，围绕着银河星系旋转。

仙女座星系是我们能从地球上用肉眼看到的最远的星系。它的恒星发出的光需要经过 220 万光年才能到达我们这里。银河星系的直径跨度为 10 万光年。本星系群的跨度约 500 万光年。但是星系团还不算宇宙中最大的。星系团在空间区域中还会汇聚成超星系团。

类星体

在过去数十年里，曾经有 1500 多个非常明亮的、远距离的，被称为类星体的物体被我们发现。它们被认为是非常年轻的星系的核心，并且很可能当我们观察它们的时候，我们所看到的

▲ 这是一张室女星系团的假彩色图片，它是离本星系团最近的大型星系团。它包含大约 2500 个星系，包括椭圆星系 M87。

其实正是星系在年轻的宇宙中的早期状态。

类星体是宇宙中最明亮的物体。有一些被认为比太阳要明亮 1000 亿倍。它们离我们有几十亿光年之遥，并且一直在远离我们，越来越远。

星座

在晴朗深邃的夜空中，天空上能看到成千上万颗闪闪发亮的星星。要区分它们并不容易。为了研究方便，天文学家们把星空分成了若干区域，每一个区域是一个星座，有时也把每个区域中的一群星星称为星座。天文学家利用星座来辨认星星。

我们能在夜空中看到的星星距离地球都十分遥远，因此，它们看起来似乎都固定在一块深色的背景上。这些星星组成了一个天球，环绕在我们的地球周围。夜里，这些闪亮的星星衬托在深色的天幕上，看起来就像一个个明亮的光点。白天，星星仍然在空中，但是我们却看不到它们，因为它们被更明亮的太阳的光辉盖住了。

当代天文学家把天球分成 88 个大小不同的区域。每个区域中都有一个星座。每个星座都是由许多亮闪闪的星星组成的。因此，每一张星座图都是点对点的连线图。星座图上的点代表星星。

天球

为了能够更好地认识天球，想象在一个透明的大气球上布满了很多的星星（天球），一个小小的高尔夫球（地球）在这个大气球的中间。从地球上的任一点，我们可以看到天球上的星星。但是，我们所看到的南方天空的星星，与北方天空的星星是不同的。

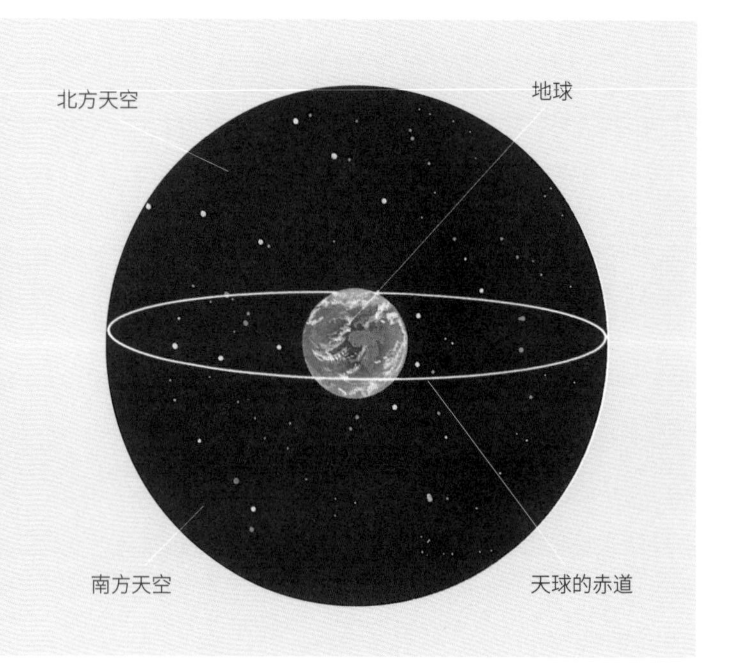

把每一个星座中的星星用线连起来，会呈现不同的形状，星座便根据这些连线的形状来命名。

古代的星座图

自从人类第一次看到星星，就把天空分成了不同的星座。有一部分天空早在4500年前，就被人们划分成了不同的区域，我们今天使用的星座就来源于这一时期。天空中的重要区域最先被划分出来。在这些区域中，有一些星座被当作背景，用来识别太阳每年在空中的运行轨迹，再被用来制作日历。其他一些星座，比如大熊星座和小熊星座，则对海员很有用处。大约在公元前400年，常用的星座就已经有43个了。

▲ 这幅精细的星座图绘于1805年。在每一个星座上，都绘有动物或人物形象，星座就是根据这些动物或人物来命名的。它不但是星座图，也是一幅栩栩如生的艺术品。

当欧洲航海家、地图绘制专家、天文学家开始在南半球探险时，他们在南半球的天空中看到了一些不同的星星，也把它们分成了星座。慢慢地，大约从15世纪开始，人们绘制出了新的南方天空的星座。天空中的其他区域也被重新划分。在这些新的星座中，有一些星座每个人都很熟悉，但有一些星座却不为人知。今天，全世界所有的天文学家使用的都是在1922年被认可的88个星座的体系。

尽管今天的星座在20世纪才被国际社会认可，但它们的命名仍然沿用了很久以前曾经使用过的名称。所有的星座都有拉丁名称，如仙后星座等。

怎么区分夜空里的星座

许多星座的图案都是我们今天并不熟悉的人物图形或动物图形。它们是最古老的星座。这些星座图形反映的是数千年前，古希腊故事或生活中的人物或动物。如猎户星座（它看起来就像一个高大的猎人）、英仙星座、仙女星座等。

传说古埃塞俄比亚的国王和王后有一位美丽的公主。后来，公主被海妖掳走，并用铁链锁在巨石上作为祭品。宙斯之子杀死海妖，救出公主，并与她成婚。在这个故事中，每一个人物都有与之相对应的星座。如仙王星座（国王）、仙后星座（王后）、仙女星座（公主）、英仙星座（宙斯之子）、鲸鱼座（海妖）。它们的邻居飞马座来自古希腊神话中一匹长有翅膀的飞马，半人

将照相机的快门打开，连续几小时曝光，就能捕捉到星座在夜空中的运动轨迹。它们看起来就像是在绕着天极旋转一样。

小实验

划分一个星座

有的星座图很容易想象。例如狮子座，在星座内的星体周围，能轻而易举地画出一头狮子。但是其他一些星座图想象起来有点儿困难，因此也很难被记住。

想象一下吧，在星体的周围，亲手画一张星座图。你可以把星座想象成任何一种你熟悉的东西，比如某位电影明星、火箭、足球、吉他等。

这张图是在美国加利福尼亚的约书华树国家纪念公园中拍摄的。在图中，我们能看到双子星座（中间左侧）、猎户星座（底部右侧）、金牛星座（右上侧）。

马座来自古希腊神话中另一个半人半马的怪物形象——上半身是人形，下半身是马形。

近代划分的星座，则是根据我们比较熟悉的动物或物体形状划分出来的。它们通常是用探险家们的一些新发现，或者新发明的工具或仪器来命名的，如剑鱼座（金鱼）、天鹤座（鹤）、孔雀座（孔雀）、杜鹃座（巨嘴鸟）、麒麟座（麒麟）、船帆座（船帆）、唧筒座（排气唧筒）等。

曾经一度，在天空中还存在过驯鹿座、乌龟座、蜘蛛座、气球座、竖琴座、猫星座。猫星座是当时一位非常喜欢猫的法国天文学家为一个星座命的名。但是由于这些星座被划分出来后很少使用，所以它们又慢慢被淘汰了。

猎户星座

在任何一个星座中，星体只是我们的想象。它们与地球的距离似乎都是一样的，就如同远处的任何山脉看起来都与我们同样近一样。但实际上，这些山脉彼此之间也是有距离的。

下面的图是简化的猎户星座图，从中可以看出星座中每颗星体之间的遥远距离。左边是我们能够在地球上看到的猎户星座的 7 颗主星。右边，我们可以看到不同的星体之间，有的距离数千光年，有的甚至距离上万光年。

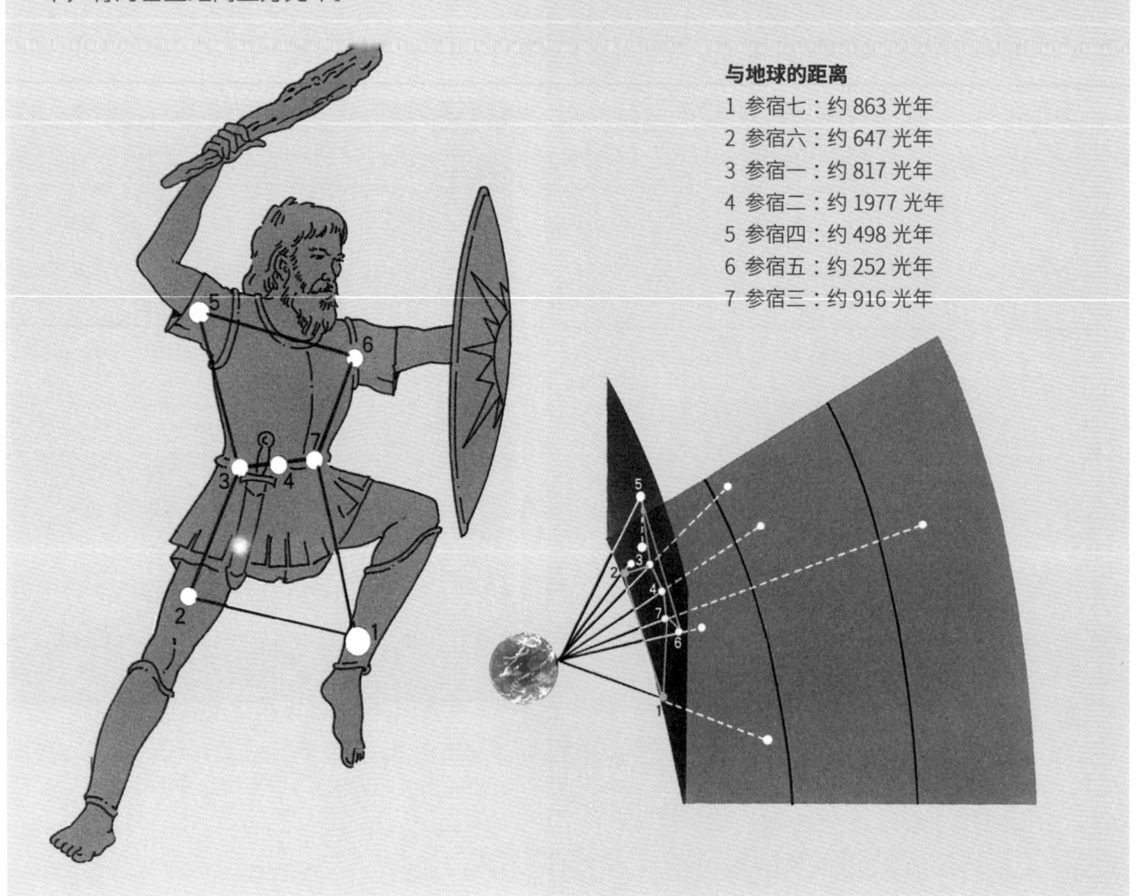

黄道十二星座

地球一年绕太阳转一周，我们从地球上将它看成太阳一年在天空中移动一圈，这条太阳移动的轨道就被称为黄道。在黄道带上有 12 个星座，它们是白羊座、金牛座、双子座、巨蟹座、狮子座、处女座、天秤座、天蝎座、人马座、摩羯座、宝瓶座、双鱼座。除了最后命名的天秤座，其他星座的名称（拉丁名称）都来源于动物。实际上，黄道这个词，在英文中是 zodiac，它来自古希腊语 zoion——动物的意思。在古代，通过推算沿着黄道分布的星座，可以知道太阳在天空中的运行进度，以此判断一年已过去多少时间，并确定农时和宗教活动的日程。太阳依次穿过每个星座，穿过每一个星座大约需要一个月。

▲ 图中是夏季在北半球朝南看到的星空景象。顶部是天鹅座、射手座，天蝎座位于底部。

在星座的内部

了解星座图，有助于我们在天空中寻找星星的具体位置，并且单个的星体在星座图中很容易被标记出来。天文学家是通过网格来寻找星体的。就像虚构的纬线和经线使地球上的每一个地方得以精确一样，在天球上，虚构的星体连线也使每一颗星的位置得以精确。在空中，这些假想的连线被称为赤纬线和赤经线。但是，当你眺望星空的时候，如果你想告诉朋友某颗星的名字，那么用星座图来描述它的位置要容易得多。在猎户座中，主星都位于“猎人”的双肩和腰部。这些比较亮的星都有各自的名称，如位于“猎人”右肩上的星星被称为“参宿四”。

但是，有很多星都没有名字，代表它们的只有一个希腊字母。在星座中，最亮的星通常被称为主星（阿尔法星，α 星）；第二亮的星则被称为 β 星；依此类推。也有众多的星座不是这样命名的，猎户座就是其中之一。在猎户座中，尽

你知道吗？

亮暗的对比

在天文学家的星图上，并不是在深色的背景上标注明亮的星体，而是在白色的背景上标注黑色的星体。用这样的方式，黯淡的星体的位置就很容易被标注出来。

管“参宿四”被称为主星，但实际上它是第二亮的星。位于“猎人”左脚踝处的“参宿七”，才是最亮的星。

大开眼界

闪烁、闪烁？

星星并不是五角形的，它们发出的光也不会一闪一闪的。星体是由炽热的、能持续发光的气体组成的，是一个巨大的旋转的球体。当它们的光线经过地球的大气层时，会受到阻碍，从而使这些星体在地球上看起来是一闪一闪的，就像五角星一样。

只是看上去如此

仰望天空，似乎所有的星星看起来与地球的距离都是一样的。但这只是它们在我们肉眼中的错觉。如果我们能够在广袤的太空中旅行，我们就能发现，实际上每一颗星星彼此都距离很远很远。在每一个星座的内部，有的星星彼此之间几乎毫无瓜葛。

通过与星座或天空中的其他星体对比亮度，我们能对某颗星体进行确认。但是，一颗星体呈现出来的亮度，并不代表其实际的亮度。如果距离很近，即使最黯淡的星星看起来也比远处明亮的星星亮。天文学家用两种方法来测定星体的亮度。一种方法是用视星等来测定星体在地球上呈现出来的亮度；另一种方法是用绝对星等来测定星体在标准距离内的亮度。星等表示星体亮度的等级，亮度越大，等数越小。根据肉眼看到的星体的亮度而定的等级，叫作视星等；根据星体在距离观测者 10 秒差距（32.6 光年）时应有的亮度而定的等级，叫作绝对星等。

外行星

木星是太阳系中最大的行星，它距离地球大约6亿多千米。另外3颗巨大的、有光环的行星——土星、天王星、海王星，它们距离地球更为遥远。宇宙飞船早已向我们揭示了这个迷人的太空世界。而位居太阳系九大行星末席70多年的冥王星，经过天文界多年的争论及2006年8月的国际天文学联合大会的讨论，最终将冥王星“驱逐”出了行星家族。

木星、土星、天王星、海王星这4颗外行星，是距离太阳最远的行星。它们和水星、金星、地球、火星，共同组成了太阳系中的八大行星。每一颗行星都在椭圆形的轨道上绕太阳运行。它们距离太阳越远，绕轨道运行的周期就越长。木星的轨道运行周期大约是12个地球年。在围绕太阳公转的同时，每颗行星也在绕自己的轴自转。

这八大行星大约都是在46亿年前形成的，是由太阳形成后残留下的物质构成的。太阳是由一团被称为星云的巨大的、旋转的气体和尘埃压缩而成的。以太阳为中心，余下的物质继续围绕着旋转的太阳运动，最终呈一个旋转的圆盘形状。

几百万年后，这个“圆盘”中的一些物质在太阳附近形成了4个岩石球，它们就是水星、金星、地球和火星。这个“圆盘”的外边部分，因为比中心地区要冷得多，便形成了4个巨大的、冰冷的气体状行星。这两组不同的行星，被一条小行星带分隔开。这条小行星带实际就是上百万的岩石块，但它们并没有聚合在一起组成一个大行星。

四大气体巨星

木星是太阳系中最大的行星。它的体积相当于1330个地球。它的质量也是最大的，是把其他所有行星的质量加在一起的2.5倍。木星的中央核心是固态岩石，质量大约是地球的10 ~ 20倍。在中央核心外，是一层像金属一样的液态氢，再外层也是液态氢，然后是一层包围着它们的大气层。大气层主要由氢气组成，里面含有氦气、氨和甲烷。

土星、天王星、海王星的结构都与木星类似。它们的中央核心是岩石，外面包围着一层液体，最外面是厚厚的大气层。这四大行星中的主要气体都是氢气，它们的颜色是由其他气体赋予的。天王星和海王星外层大气中的甲烷吸收红色光线，反射蓝色光线，因此它们看上去都是蓝绿色的。天王星和海王星的大小差不多，第一眼看上去几乎没什么区别。但事实上，在海王星的表面有一些明暗斑和云团。海王星上那被称为大暗斑的巨大的黑色斑点，实际上是巨大的风暴区。它表面上的那些白斑，则是甲烷的冰态云团。

木星和土星的外部大气层呈带状，并且有不同的颜色。带状是由于这些行星的高速自转形成的；颜色则是由于冰态气体内部的不同温度和压力形成的。这两颗行星的大气都是呈旋涡状的，并且有大风暴。太阳系中最大的风暴区被称为大红斑，在木星的表面可以明显地看到。

▲ 木星的大红斑是一个巨大的风暴区，可以吞噬两个地球。它已经持续了300多年。大红斑的红色来源于大气和阳光发生反应形成的磷。这张照片是在1979年，由“旅行者”2号飞船探测器拍摄的。

带环的行星

木星、土星、天王星、海王星都有光环。土星的光环最壮观，也最早为人所知。它的光环首次被发现是在1610年，当时，人们形容那些光环是“耳状”物体，而不是环状。然而，当人们能够在土星轨道的不同位置上清晰地观测到它时，那些光环究竟是什么也就有了明确的答案。1980年和1981

▲ 这是在“旅行者”1号飞船探测器上看到的土星光环。它的内环与外环之间的这条明显的缝隙，被称为“卡西尼环缝”。实际上，在这个缝隙中，还有100多个小环。

▲ 这是木星和它的4颗伽利略卫星（因为它们是被伽利略发现的）。它们分别是木卫一（左上角）、木卫二（在木星的旁边）、木卫三（左下角）和木卫四（在前面）。

年，“旅行者”号宇宙飞船两次造访木星，从而使人们更加清楚地认识了它。这些光环实际上是由数百万冰态岩石构成小圆圈组成的。微小的岩石碎片组成了外环，好几米长的大岩石组成了内环。其他三颗行星的光环是在最近 30 年被发现的，它们都是由独立的粒子构成的。

“众星拱月”

截至 2019 年，太阳系中已知的卫星共有 185 颗，其中 174 颗卫星分别属于木星、土星、天王星和海王星。许多卫星都是由太空探测器发现的，而且数量还在增加。这些冰冷的岩石体大小各异，从直径 20 千米的土豆形微型卫星，到巨型卫星木卫三（它的直径超过 5000 千米）。所有的卫星都围绕各自的行星运转，就像一个微型太阳系。

你知道吗？

“极昼”与“极夜”

在过去的某个时间里，天王星曾经被整个儿颠倒了，所以，它现在是用侧面围绕着太阳运转。这意味着在天王星绕日运行的 84 年里，在它的两个极点分别会有持续 21 年的日晒和持续 21 年的黑暗。其余的 42 年，天王星则在它的两个极点之间运行。

▼ 这是海卫一的表面。它是海王星被发现的 8 颗卫星中最大的。它的表面温度是 -235℃，在整个太阳系中，它也是最冷的一颗星球。

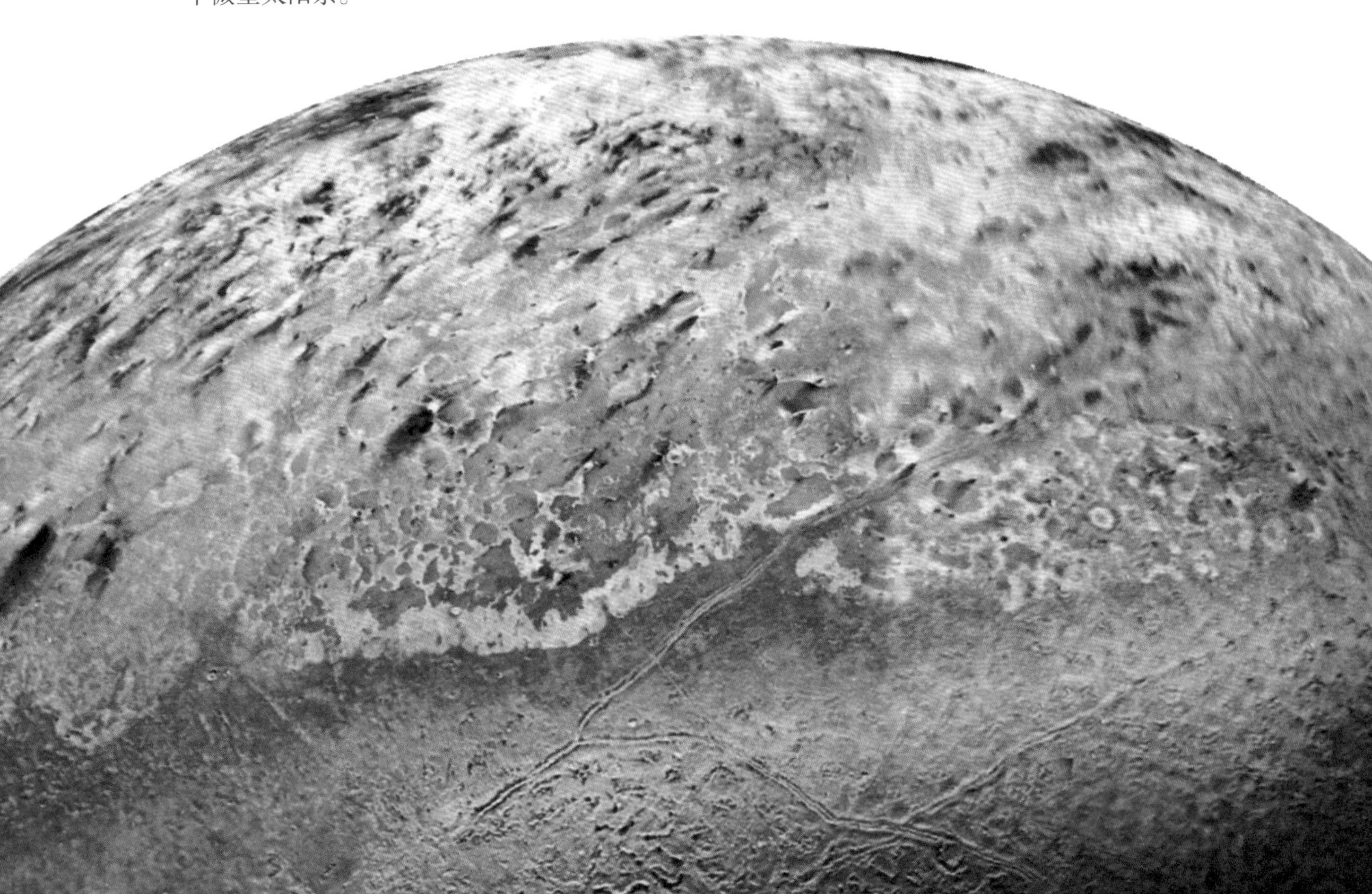

气体巨星

木星、土星、天王星和海王星是太阳系的 4 颗外行星。尽管它们的中央核心是岩石，但它们主要都是由氢气和氦气组成的。这 4 颗行星都有光环。这些光环是由被冰层包围的岩石和尘埃粒子组成的。

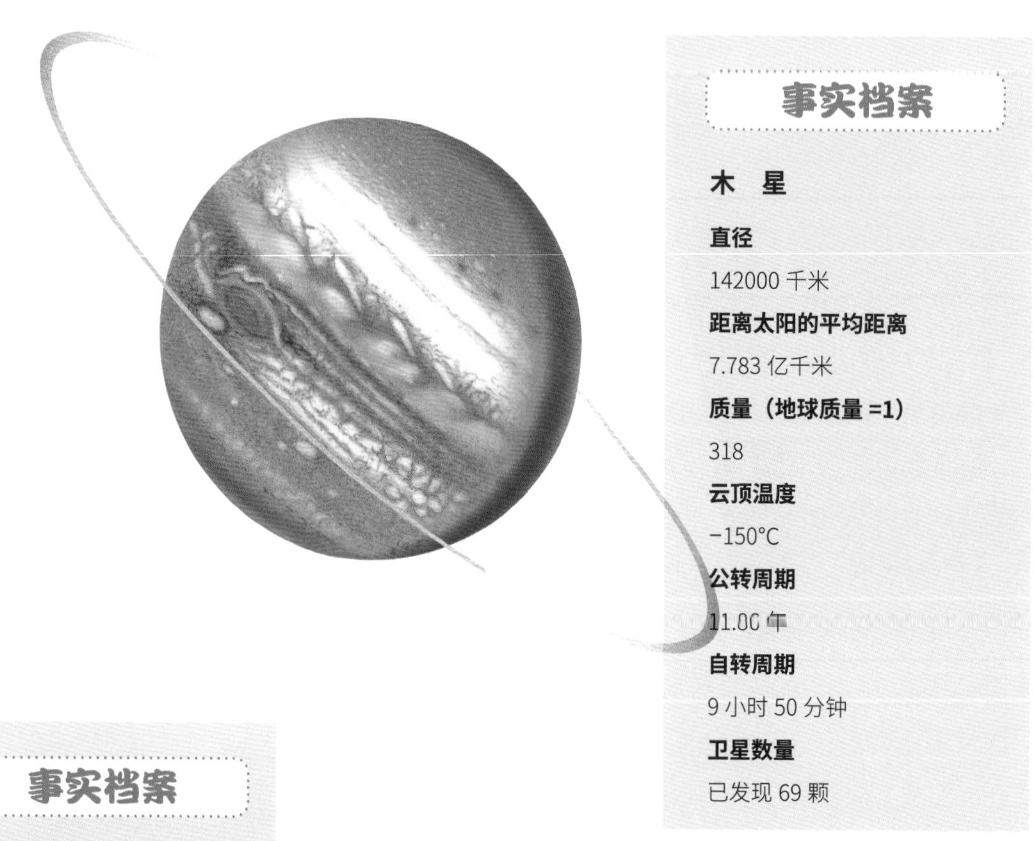

事实档案

木　星

直径

142000 千米

距离太阳的平均距离

7.783 亿千米

质量（地球质量 =1）

318

云顶温度

−150°C

公转周期

11.00 年

自转周期

9 小时 50 分钟

卫星数量

已发现 69 颗

事实档案

土　星

直径

约 120536 千米

距离太阳的平均距离

约 14.27 亿千米

质量（地球质量 =1）

95

云顶温度

−180°C

公转周期

约 29.46 年

自转周期

约 10 小时 36 分钟

卫星数量

已发现 62 颗

事实档案

天王星

直径

51118 千米

距离太阳的平均距离

28.696 亿千米

质量（地球质量 =1）

14.5

云顶温度

−214°C

公转周期

84.01 年

自转周期

17 小时 14 分钟

卫星数量

已发现 29 颗

事实档案

海王星

直径

约 49528 千米

距离太阳的平均距离

约 44.967 亿千米

质量（地球质量 =1）

17

云顶温度

−220°C

公转周期

约 164.8 年

自转周期

约 16 小时 3 分钟

卫星数量

已发现 14 颗

▲ 这是一颗位于 33 光年之外的系外行星，据测算其直径仅有地球的 2/3，这使其成为迄今发现距离地球最近的直径小于地球的系外行星（该图为艺术示意图）。

神秘而久远的系外行星

虽然这一单元里讲的都是太阳系内的外行星。但天文学家一直没有停止向太阳系外探索的进程。2012 年 7 月，天文学家使用美国宇航局所属的斯皮策空间望远镜发现了一颗系外行星，他们相信这颗系外行星的大小仅有地球的 2/3，地表温度将超过 600℃。这颗编号为 UCF-1.01 的行星，距离地球约 33 光年，这将使它成为迄今发现距离地球最近的直径小于地球的系外行星。

所谓系外行星是指那些围绕其他恒星运行的行星。到目前为止天文学家们仅仅找到了很少一部分直径小于地球的此类行星。斯皮策空间望远镜之前便开展过对已发现系外行星的观测，然而 UCF-1.01 却是这架空间望远镜首颗识别出的系外行星。这一发现证明斯皮策望远镜具备搜寻直径小于地球的系外行星目标的潜力，这些行星可能拥有宜居环境。

关于系外行星，迄今为止，天文学家已发现 500 多颗。但数个世纪过去了，人们还是无法亲眼近距离看到这些奇特世界的模样。一些行星的特征会让科学家迷惑不解，例如离心轨道、天然的极端温度状况、拥有多个恒星，以及适宜生命存活的类地行星。在已观察到的系外行星中，最古老的行星都有 120 亿年历史了。

▼ 这张海王星图片中的旋涡状气体和云团是人工添加的色彩。中心的椭圆形区域就是有名的大暗斑，这是一个巨大的风暴区。

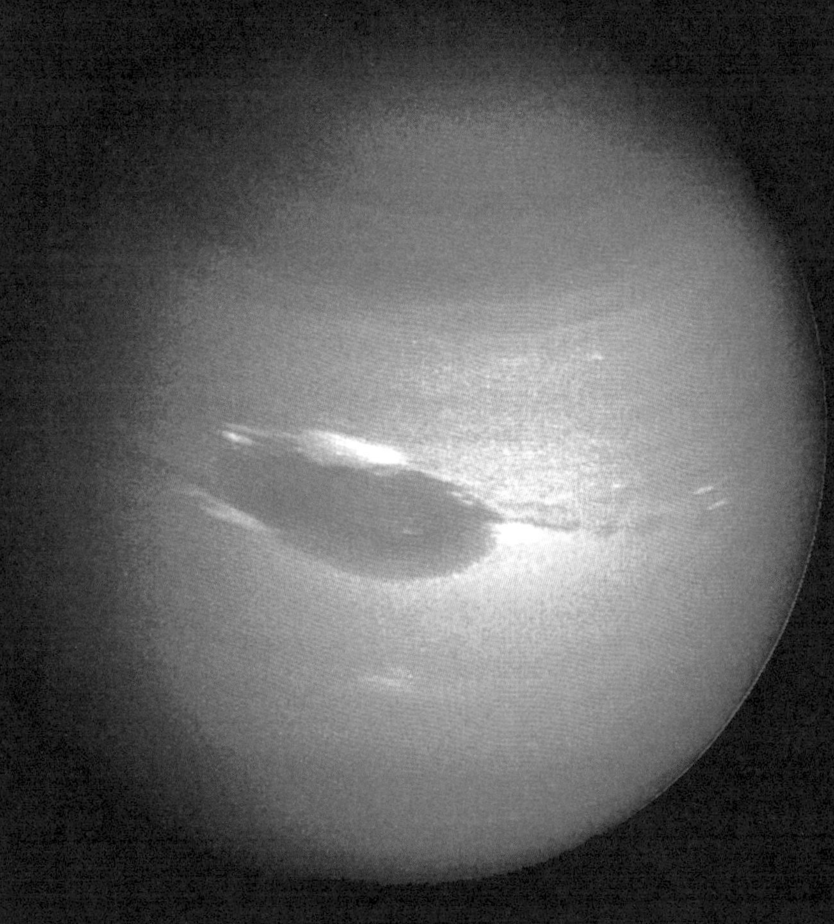

小行星

在太空中，有数百万的岩石块围绕着太阳旋转，最大的直径长达好几百千米，最小的就像灰尘一样，其中大多数岩石块像我们居住的房子一般大小，它们都是小行星。其中，超过90%的小行星位于小行星带中，另一些则聚集成小行星群，或者独自运行，还有一些则在过去的岁月中与地球相撞。

小行星实际上是岩石块或金属块，其中有一些是岩石和金属的结合物。几乎所有的小行星都有土质表面。在最小的小行星上，土质表面只是薄薄的一层；在最大的小行星上，土质表面却厚达好几千米。在小行星带内部的小行星，通常颜色明亮；距离太阳较远的小行星通常要黯淡一些。每一颗小行星都在自己的轨道上围绕太阳运行，同时也自转着。

最大的小行星是谷神星，它的直径是933千米。只有大约20颗小行星的直径超过了250千米；将近10亿颗小行星的直径只有1000多米。直径超过300千米的小行星都是圆形的，而直径不到300千米的小行星则是不规则的形状。所有已知小行星的质量总和，相当于月球质量的15%。

◀ 这是从伽利略太空探测器中看到的小行星——艾达，长约52千米，表面布满凹坑。

小行星带

小行星带位于火星和木星轨道之间。它从距离太阳约 2.54 亿千米的地方，一直伸展到距离太阳约 5.99 亿千米的地方，并且是由上百万的岩石块组成的。小行星不均匀地分布在小行星带中。小行星带中有几条空隙——柯克伍德空隙，这几条空隙中只有为数不多的几颗小行星。尽管小行星数量庞大，但是，由于它们分布在广袤的太空中，所以，它们彼此之间的距离都有好几千千米。如果你旅行穿过

你知道吗？

从旧到新

火星的两颗卫星——火卫一和火卫二，可能是被火星捕获的两颗小行星。它们是被火星的重力拖拽到火星轨道上的。它们可能也不是固态星体，而是一颗较大的小行星破碎时产生的一堆碎石。

小行星轨道

大多数小行星都在小行星带内绕着太阳运动。小行星带位于火星和木星轨道之间。但是也有一些小行星在太阳系内沿着不同的轨道运动，它们要么独自运行，要么在小行星群中运行。大多数小行星都在小行星带内绕着太阳运动。

特洛伊小行星群

图中这两群小行星被称为“特洛伊小行星群”。它们在木星的轨道内运行，一群小行星在木星前，一群小行星在木星后。在这两群小行星中，有许多单颗小行星的名字，都来源于特洛伊战争中的人物。

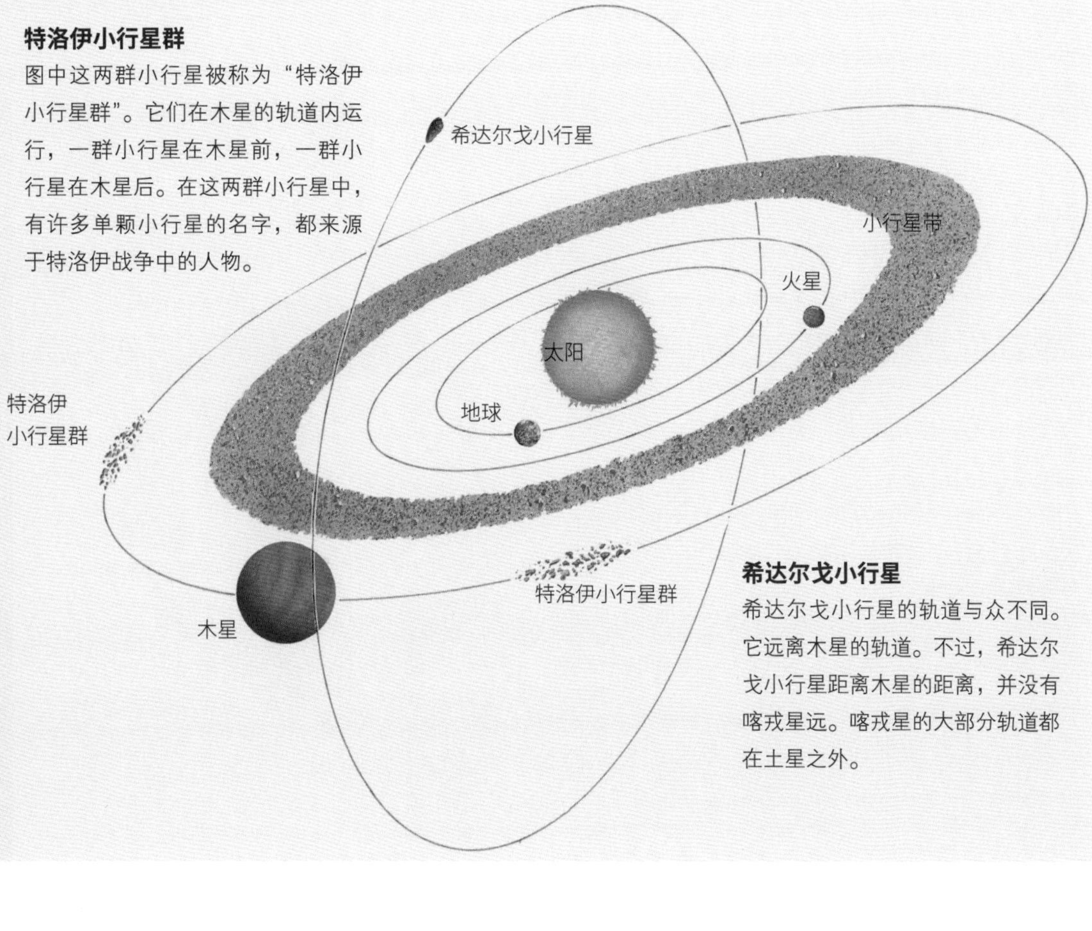

希达尔戈小行星

希达尔戈小行星的轨道与众不同。它远离木星的轨道。不过，希达尔戈小行星距离木星的距离，并没有喀戎星远。喀戎星的大部分轨道都在土星之外。

这条小行星带，那么你有可能看不到里面的小行星。

科学家们通常认为，小行星带是还没有诞生的行星的残留物。当行星在 46 亿年前开始形成的时候，那些在如今的小行星带内的物质被阻止，没能结合在一起，并形成一个大的岩石球体。这是因为当时木星的重力搅动了小行星带内的物质。

小行星群

有两群小行星被称为特洛伊小行星群。它们都沿着木星绕太阳的轨道运行，一群小行星在木星前面，另一群小行星在木星后面。其他小行星独自运行，但是按照它们的运行轨道进行分类。阿莫尔小行星的轨道在火星的轨道上，但是不像地球的轨道距离太阳那么近。阿波罗小行星的轨道与地球的轨道交叉，阿托恩小行星的轨道主要在地球的轨道上。还有一些小行星的轨道极为古怪，比如希达尔戈小行星在远于木星的轨道上运行。

高速碰撞

在太阳系刚诞生的时候，小行星带内的物质，是现在的 1200 多倍。大约有 600 颗小行星比谷神星还大。年轻的木星的重力拖拽这些小行星，使它们相互碰撞，破碎分散。许多碎片坠向

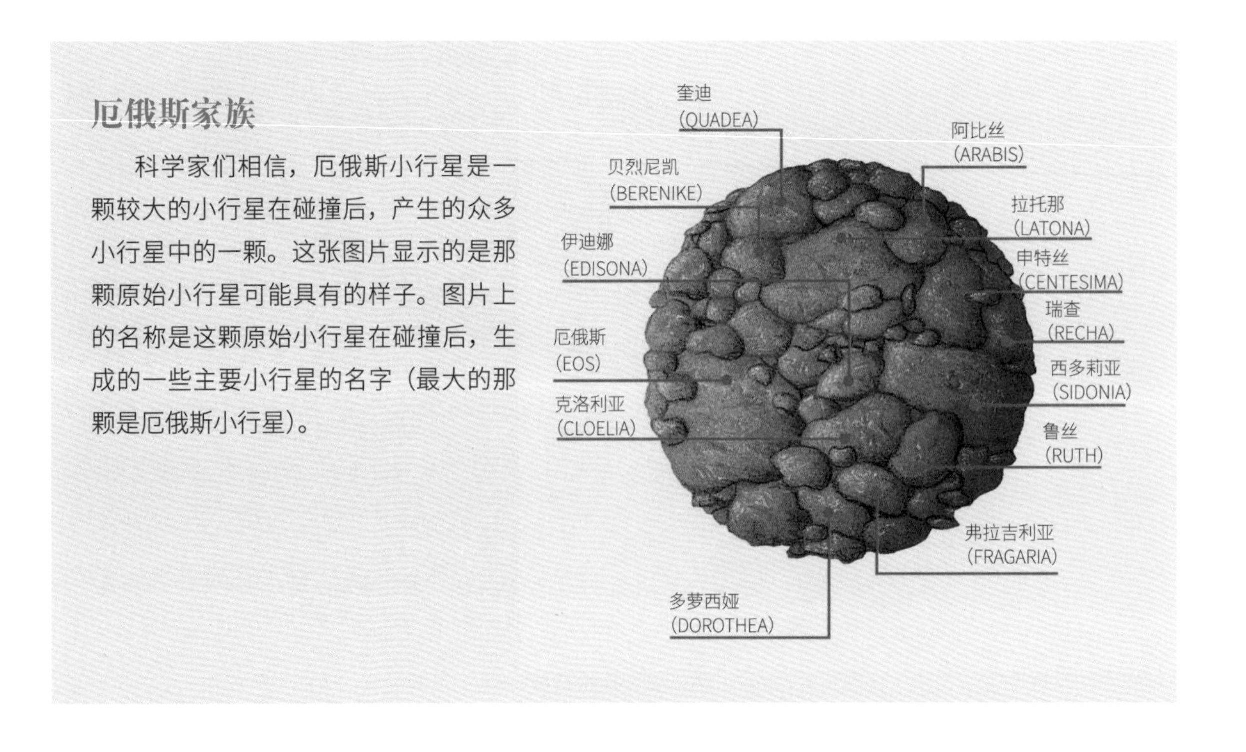

厄俄斯家族

科学家们相信，厄俄斯小行星是一颗较大的小行星在碰撞后，产生的众多小行星中的一颗。这张图片显示的是那颗原始小行星可能具有的样子。图片上的名称是这颗原始小行星在碰撞后，生成的一些主要小行星的名字（最大的那颗是厄俄斯小行星）。

太阳，或者撞向其他行星，产生了陨石坑。从那以后，小行星之间的碰撞（星际碰撞）一直都在发生着。

碰撞后留下的主要碎片，有时与小行星一样，也沿着同样的轨道绕太阳运行。来自同一颗小行星的碎片群，是一个小行星家族。厄俄斯家族就是这样的一个群，它的名字来自希腊神话中的黎明女神——厄俄斯，其中最大的碎片直径达 110 千米。

大约有 70 块厄俄斯碎片已经得到了确认，但是在行星的碰撞中还有更多的碎片产生，其中数百万块碎片的直径大约只有 500 米。

大开眼界

凹坑的产生

尘埃和岩石从太空中坠落到地球上。它们主要有两大来源：小行星和彗星。如果它们的颗粒很小，就会在地球的大气层中完全燃烧掉。较大的星体，只会在燃烧中失去外层物质，剩余部分会落到地面上。如果星体足够大，能在地面上制造出一个凹坑。这个在美国亚利桑那的流星坑（如图），有 1.2 千米宽，大约已有 2.5 万年的历史了，它是由一颗坠落的小行星造成的。

流星和陨石

每年，大约有22万吨岩石物质，或者以细小尘粒的形式，或者以巨大岩石块的形式，从太空进入地球大气层。大多数太空物质都在大气中燃烧掉了，但是少数较大的石块则在行进过程中保存下来，并降落到地面上。

流星

细小的、行星间的尘埃颗粒，每天每夜都在穿过地球大气层。每颗飞向地球的颗粒，都会燃烧并产生一条短暂的光带。这条光带被称作流星。在一个晴朗无月的夜晚，一只敏锐的、适应黑暗的眼睛，可以在一小时内发现10颗左右的流星。当观察者和地球绕太阳轨道飞行的方向

一致时，大多数流星可以在凌晨 4 点左右看见。地球飞行时，会穿过太空中的尘埃。

大多落入地球大气中的物质都起源于被称为陨石的颗粒，它们的质量从 1 克的百万分之一到 100 万克（一吨）不等，以每秒 11 千米到 74 千米的速度进入大气。每块陨石燃烧后产生的流星，距离地面高度从 70 千米到 115 千米不等。流星的尾光（流星）是陨石蒸发产生的，直径约 1 米，至少长 7 千米，最长的可达 20 千米。流星的生命非常短暂，通常不到 1 秒。

当大量流星在一个短暂的时间间隔内进入大气时，它们非常容易被看见。这就是一次流星雨。流星雨的好处在于我们知道能在何时何地看到它们。地球穿过太空尘埃集中的地区时，就会有一场流星雨。彗星绕太阳轨道运行时，由于气压的推力，它会抛弃自身携带的尘埃物质，最终沿彗星轨道，会形成一个完整的、稳定的尘埃圈。地球每次经过星空中尘埃集中的地方时，我们就会经历一次流星雨。

从地球上看去，一次流星雨中的所有流星，都像从天空中的一个共同点产生的，这个点是流星雨辐射点。流星雨常以流星雨辐射点所处的星座或星座亮星命名。狮子座流星雨按狮子座命名。每年都会产生流星雨的尘埃起源于坦普尔—塔特尔彗星。以不同星座命名的流星雨大约有 20 种（有两种或更多的流星雨看起来好像产生于某一个星座，如宝瓶座）。每一次流星雨大致都发生在每一年的同一时间。

一颗英仙座流星划过加拿大的夜空，因为这颗流星是从英仙星座的某一处开始的，所以被命名为英仙座流星。

流星雨

当地球从彗星在绕日轨道上留下的残骸碎片中穿过时，就产生了流星雨。当尘埃颗粒与大气中的空气分子相碰撞时，摩擦会产生热和光。

自我观察

发现流星雨

在北半球，人们看得最清楚的一场流星雨是英仙座流星雨。产生这场流星雨的尘埃来自斯威夫特—塔特尔彗星。在流星雨的高峰期，8 月 12 日和 13 日左右，每小时内大约可以看到 30 ~ 40 颗流星。在南半球，宝瓶座 η 流星雨和巨蟹座 δ 流星雨经常是最美的流星雨。在右面的清单中，有我们能在一年内看到的主要流星雨。

象限仪座流星雨	1 月 1—6 日
天琴座流星雨	4 月 19—25 日
宝瓶座 η 流星雨	5 月 1—8 日
巨蟹座 δ 流星雨	7 月 15 日—8 月 15 日
英仙座流星雨	7 月 25 日—8 月 17 日
猎户座流星雨	10 月 18 日—26 日
狮子座流星雨	11 月 14 日—21 日
双子座流星雨	12 月 7 日—15 日

* 只在北半球才能看见

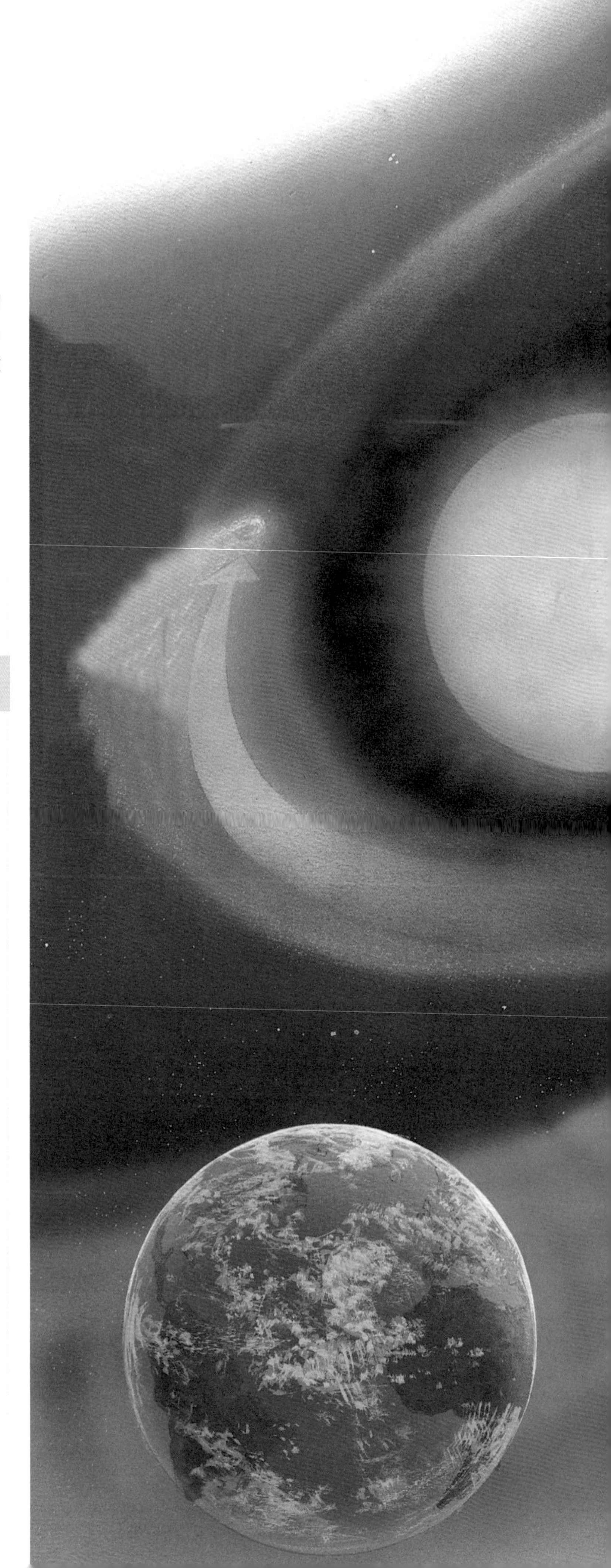

▲ 人们很难在白天看见流星在天空上划过不过在这幅图中，天上的那束光条是1972年在美国怀俄明州上空燃烧了101秒钟的一颗流星的景象。

▲ 这颗在纳米比亚被发现的史前时期的霍巴（Hoba West）陨石，是世界上最大的陨石，重约60吨。图中是20世纪20年代，科学家们正在检查陨石的情景。

陨石

陨石可以在穿过地球大气的旅程中保存下来。一些碎片因为太大不能完全燃烧，于是会撞上地球，这就是后来的陨石。每年降落在地球上的陨石大约有 3000 颗，每颗陨石的质量超过 1 千克，其中大多数都落进了占地球表面 70% 的海洋中。只有少数陨石，每年 5 ~ 6 颗，属于坠落的陨石——被看见落到陆地上的陨石并被人们有意回收；另有 10 颗左右是发现的陨石——陨石降落到地球上时无人看见，直到后来才被发现。大多数收集到的陨石都是发现的陨石，不过全世界也收集了大约 900 颗坠落的陨石样本。

地球上的陨石坑

名称	宽度
美国亚利桑那州的巴林杰陨石坑（Barringer Crater）	约 1264 千米
澳大利亚西澳大利亚州的狼溪陨石坑（Wolf Creek）	约 870 米
澳大利亚北领地的亨伯里陨石坑（Henbury）	约 200 米
澳大利亚北领地的博克斯霍尔陨石坑（Boxhole）	约 178 米
美国得克萨斯州的敖德萨陨石坑（Odessa）	约 170 米
爱沙尼亚的欧卡里陨石坑（Kaali）	约 110 米
沙特阿拉伯的瓦巴尔陨石坑（Wabar）	约 100 米

▲ 在澳大利亚北领地的爱丽斯泉的南边，那 200 米宽的亨伯里陨石坑，是由一块强有力的陨石撞击地面形成的。

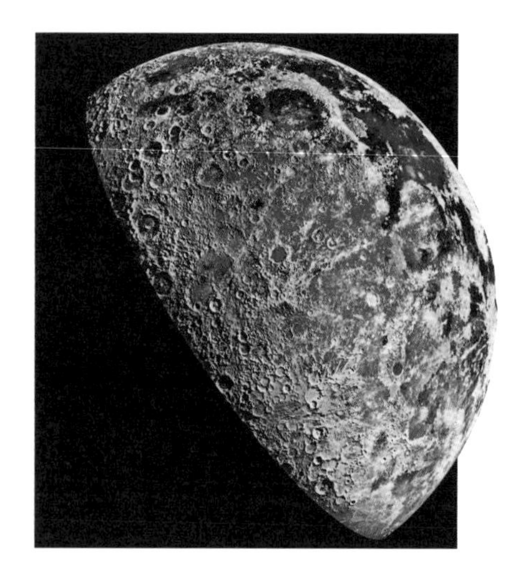

▲ 这张月球表面的人工彩色图片是“伽利略”号太空探测器在 1992 年拍摄下来的。我们能够清楚地看到在月球表面，有成千上万的陨石坑。每种色彩代表一种不同类型的岩石。这样，科学家就可以估计陨石坑的年龄了。

▲ 1994 年，科学家们分析了艾伦峰陨石，它大约是在 1.2 万年前降落到地球上的南极洲的。它由火星岩石构成，含有水和二氧化碳这两种物质的痕迹。

陨石的类型

陨石是由石头、铁，或者石头与铁的混合物组成。大多数陨石（那些落到地球上的）是石质的。不过石质陨石经常都会在进入大气中时碎裂成小块，因此，我们经常发现的是铁质陨石。

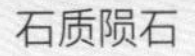
石质陨石

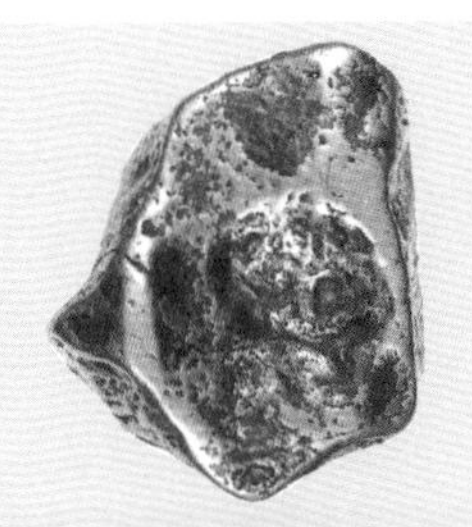
铁质陨石

陨石有三种主要类型。第一种是石质陨石，主要由岩石组成。第二种是铁质陨石，主要由金属组成。数量最少的一类是由金属（铁）和岩石混合形成的陨石。对陨石研究者来说，最理想的寻找陨石的地区是南极洲。在20多年来的每一年里，科学家们都会在这片大陆上搜索。他们已经发现了1万多块独立的陨石样本，其中许多都来自同一次流星雨。当一块陨石没有在地球大气中完全破碎掉时，就会完整撞向地球，并产生一个陨石坑——在星球表面的一个圆形大洞。地球曾在35亿年前受到强烈的陨石爆炸袭击，比如月球，然后地球表面遍布陨石坑，也像月球一样。但是，侵蚀和地球运动已经将它们的痕迹从我们这个星球上抹去了。只有一些在最近时期产生的陨石坑保存完好。地球表面上，大约有300多个被撞击出来的陨石坑得到了确认，其中大多数的年龄已经超过了5千万年。

大开眼界

卫星陨石

陨石主要有两个来源——彗星和小行星。不过有少数已知的陨石来自卫星。科学家们在南极洲发现了11块卫星陨石，在澳大利亚发现了1块卫星陨石。还有8块石质陨石被认为是从火星上来的。其中还有一块陨石，来自1911年发生在埃及的一次石质流星雨。

自我观察

制造陨石坑

你也可以轻轻松松地制造一个陨石坑。用一只洗干净的碗或盘子，装满面粉，当作行星的表面，把小鹅卵石或者用黏土做的小球当作陨石。将不同大小的陨石洒到装满面粉的碗或盘子表面上，看看它们制造出什么样的陨石坑。陨石越大，陨石坑就越宽、越深。当然，在实际的行星上，陨石经常消失在陨石坑下，不过你碗中或盘上的面粉并不能深到能发生这样的事情！

彗星

彗星是太阳系中的微小成员。在冥王星的轨道外运行着成千上万颗小彗星。每一颗彗星都像一个直径宽达几千米的"雪球"。但是，如果彗星朝着太阳运行，它就会形成一个宽几千千米的彗头和一条长约数百万千米的彗尾。于是，人们在地球上也能看见它们。

一般来说，彗星由三部分组成。它们的中心是土豆状的彗核，宽约一千米，由不洁的雪花状物质组成。当"雪球"靠近太阳时，表面迅速升温，雪花状物质转化成气体，于是一团由气体和尘埃组成的球形尘埃云会笼罩在彗核周围。这团尘埃云被称为彗发，宽约 10 万千米。彗发

▲ 据记载，威斯特彗星（Comet West）只有经过地球一次，那是在 1976 年，当时，人们拍下了这张照片。它那巨大的彗尾由两部分组成——白色的尘埃彗尾和蓝色的气体彗尾。

中有一些气体和尘埃会被太阳辐射的力量推离彗星，形成彗尾。天文学家曾经观察到，一些彗星的彗尾长度相当于从地球到太阳的距离（14960 万千米）。

在靠近太阳的时候，彗星体积最大，也最明亮。当彗星与太阳的距离超过地球与太阳距离的两倍半时，它们的温度就会很低，彗发和彗尾都会消失。但是彗核仍然在轨道上运行，当它下一次接近太阳时，会再次形成新的彗发和彗尾。一般来说，一颗彗星在完全陨灭之前，大约会经过太阳 1000 次。

彗星的轨道

太阳系中大约有 10 亿颗彗星。大多数彗星都在巨大的椭圆形轨道上绕太阳运转，这些彗星组成了一个环绕太阳系的球形云体，被称为奥尔特云。当其他恒星经过奥尔特云时，它们的引力会将奥尔特云中的一些彗星推入太阳系的内部。在太阳系内部，它们会沿着新的轨道运行，并继续靠近太阳。但是，如果它们太靠近木星或土星，就可能被“俘获”——被拽入木星或者土星的引力场。如果是这样，它们就不会再每隔数百万年经过太阳一次，而是会在每 10 ~ 100 年之间，沿着一条新的、直径较小的绕日轨道运行。例如从公元前 240 年开始，哈雷彗星每隔 76 年就会经过太阳一次。大多数在不到 200 年的时间里就能绕轨道运行一周的彗星（短周期彗星），与太阳系的行星大致处于同一水平面，而且运行方向也相同。截至 2014 年年末，天文学家发现的彗星数量约有 4800 颗，其中，太阳系内有永久编号的周期彗星共 314 颗。

彗星的起源

彗星实际上是外行星形成后留下的残余物质。它们保留着太阳系自极度寒冷中诞生以来，有关行星成长的重要记录。

在太阳系诞生初期，小行星带以外的区域有大量尘埃和雪花状物质。雪花状物质和尘埃颗粒互相碰撞，产生了“雪球”，雪球慢慢增大形成彗核。彗核继续增大，其中一些形成行星的内核，如木星、土星、天王星、海王星；但其他许多残留了下来。由于新行星的引力作用，这些残留物分散在整个太阳系中，其中有一半运行到靠近太阳的轨道上，并迅速陨灭；余下的有一些集体运行脱离了太阳系，另一些则成为奥尔特云中的成员。

发现彗星

早在公元前 613 年，中国的史书《春秋》中就记载，“有星孛入于北斗”。这是世界上公认的首次关于哈雷彗星的确切记录，比欧洲早 630 多年。寻找彗星是一个漫长的过程，需要极大的耐心。长周期彗星能在任何时间，从任何方向靠近太阳，因此，一名熟练的彗星搜索者每次寻找彗星，都要在广角望远镜的目镜上观察 200 个小时左右。搜索者既要观察太阳周围的区域，还要在黄昏和黎明之前，分别观察西部夜空和东部夜空。在 1930—1970 年，大约在每 10 年中会发现 45 颗彗星。从 1970 年开始，新彗星的发现率持续上升，人们在寻找近地小行星时，发现了许多新彗星。新发现的彗星通常都用发现人的名字命名，这是最令人兴奋的事情之一。

搜索者热衷的另外一件事是观察短周期彗星的回归。这些彗星的轨道众所周知，所以天文学家知

▲ 这是意大利画家乔托的作品《贤士来朝》（也有人称之为《麦琪的礼拜》）。在图中的牛棚上，我们能看见一颗彗星，这是乔托根据 1301 年哈雷彗星的回归画出来的。

大开眼界

牛顿的错误

牛顿并不总是正确的！由于一些彗星距离太阳很近，因此，他认为是这些彗星让太阳能够持续发光。但是今天，科学家知道，是来自太阳内部的核反应产生了光和热。

◀ 1682 年，哈雷（1656－1742）在夜空中发现了一颗明亮的彗星，并成功预测它将在 1758 年回归。虽然他并没有活到这一天，但人们为了纪念他，将这颗彗星命名为哈雷彗星。

道在哪儿观察它们。不过，这些彗星在远离太阳时非常模糊，因此找到它们也并非易事。1982年10月16日，人们观察到了哈雷彗星，此时，距离它经过太阳还有三年半的时间。当时，它在土星的轨道外，天文学家不得不在美国加利福尼亚州的帕洛马天文台，用5.2米口径的海尔反射式天文望远镜观察它。

彗星探测器

1986年哈雷彗星回归，此时距离人类探索太空已有30年，因此，天文学家使用了新技术对这颗彗星进行追踪和分析。这颗彗星曾经被五艘空间探测器拜访过，其中两艘来自日本，两艘来自苏联，另外一艘来自欧洲航天局。欧洲航天局的探测是最成功的。“乔托”号探测器于1986年3月13日，在距离哈雷彗星600千米处经过了它，这是在哈雷彗星最靠近太阳后的第5周。探测器以相对彗星每小时24.1千米的速度飞行，并且上面安装了一个望远镜式的照相机。照片显示，哈雷彗星的彗核长约16千米，宽约8千米。探测器上其他设备测量到了彗星中气体和尘埃的组成及分布，以及彗发对周围太阳风（来自太阳的带电粒子）产生的电磁影响。

火星

由于自身的颜色，火星常常被人们称为“红色行星”。它使古代的天文观测家们想到了血液，于是他们便以罗马神话中的战神玛尔斯（Mars）的名字来为这个行星命名，以此来纪念玛尔斯。但事实上，火星红色的地表是由氧化铁尘埃（也就是铁锈）构成的。

火星是太阳系中四颗近日行星中的一颗，另外三颗分别是水星、金星和地球（距离火星最近）。小行星带将它与最靠内的外行星——土星隔开。尽管它和地球一样富含石质，但大小却只有地球的一半，而且由于它距离太阳的距离比地球远50%，所以表面温度比地球上的温度要低很多。

地貌特征

火星上曾经是有水存在的，但是现在没有了。流水和岩石运动共同作用，为火星创造了太阳系中最为壮观的地表特征。火星的南半球分布着大量的环形山和丘陵（与月球表面的高地丘陵很相似），而北半球则地势较低，环形山及丘陵也很少。

火星上拥有太阳系中最大的火山——奥林匹斯火山。其中阿斯克拉厄斯火山、帕蒙尼斯火山和阿尔西亚火山都位于比火星地表高出10千米的塔西斯高地上。

奥林匹斯火山是整个太阳系中已知的最高的火山，它比周围地面高出25千米以上，底部直径约为624千米。在火山顶部，有一个宽达80千米的火山口，在火山侧面可以看到从火山口流下来的已经凝固的熔岩流。现在，奥林匹斯火山已不再活动。

水手谷是火星上的一个极为巨大的峡谷，它长约4000千米、宽700千米、深7千米。与它相比，地球上位于美国亚利桑那州的长451千米的大峡谷就显得极为渺小了。水手谷是由于火星外壳的破裂形成的，而不是流水作用的结果。但是在水手谷的北面，有一处区域，在大约35亿年前曾经经历过灾难性的水灾。

现在，火星上的水已经全部被转化，进入火星地表下的永冻土里，以及覆盖在两个极冠上的细针状冰晶（白霜）和雪中了。而火星地表上的其他地方，看起来就像干涸的河床一样。另

▶ 这幅火星的图像由 102 张照片组合而成，这些照片是由“海盗”号轨道飞行器在距离火星表面 2500 千米的高空拍摄的，横贯中央部位的巨大沟壑就是水手谷。

外，由于当初火星上的洪水围绕着环形山流动，所以，火星上还有很多像眼泪形状的地方。

从用于探测火星的两艘“海盗”号宇宙飞船发出的着陆器，拍摄了一组火星表面的近距离照片。（从照片上我们得知）火星的表面覆盖着红色、干燥的土壤。在火星上，火山岩随处可见，这些火山岩上到处都是小洞，这些小洞都是由于火山中的气体从冷却的熔岩中喷出而形成的。在岩石的表面有一些由于陨星的撞击而形成的凹陷的小坑。

火星上的季节

火星围绕太阳公转一周需要 687 个地球日，这就使得火星上的“一年”几乎相当于地球上的两年。在围绕太阳公转的同时，火星还围绕自转轴，每 24 小时 37 分钟自转一周，因此，火星上一天的时间和地球上一天的时间是相近的。不仅如此，火星和地球的自转轴倾角也是非常相近的。这些原因都使得火星表面上的不同地域和我们的地球一样，也有春、夏、秋、冬四季的区别和更替。

火星的自转轴倾角在一百万年内会改变 10°，而它

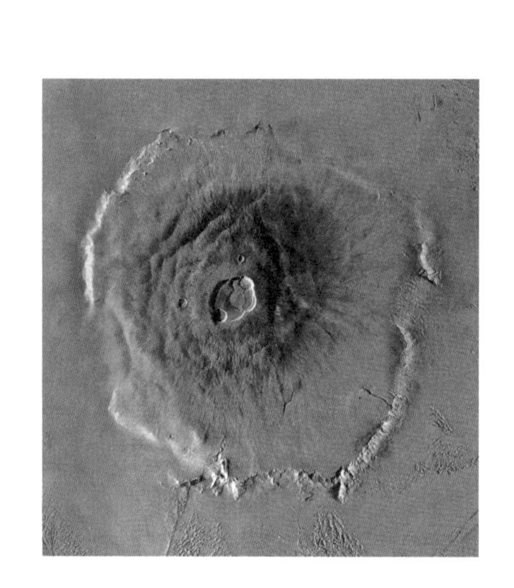

▲ 这张图片所显示的是奥林匹斯火山的近距离景观。奥林匹斯火山不仅是火星上，也是整个太阳系中已知的最大的火山。在它 25 千米高的山顶上，有一个由于原有的圆锥形山峰倒塌而形成的 80 千米宽的凹坑（火山口）。

红色的行星

密布着铁锈的火星表面，使火星有着与众不同的红色，这也使得它在夜空中非常容易被辨认。天文学家们认为，火星中心部位的小小的固态内核中也含有铁。在内核和地表之间，则是厚厚的火成岩地幔。

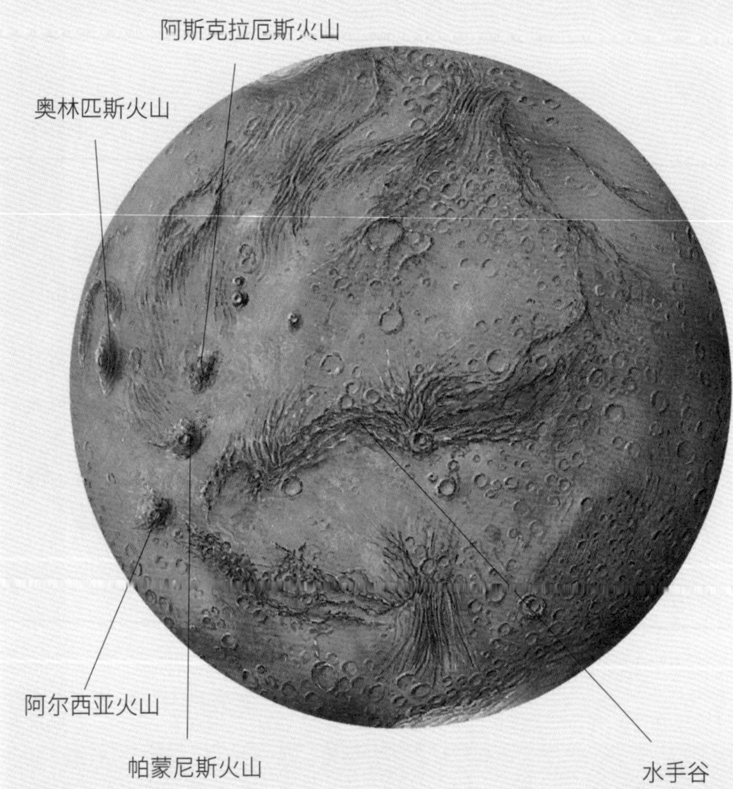

事实档案

火　星

直径

6786 千米

平均距日距离

2.28 亿千米

质量（地球质量＝ 1）

0.107

表面温度

−120°C～ 25°C

公转周期

687 个地球日

自转周期

24 小时 37 分

卫星数量

已发现 2 颗

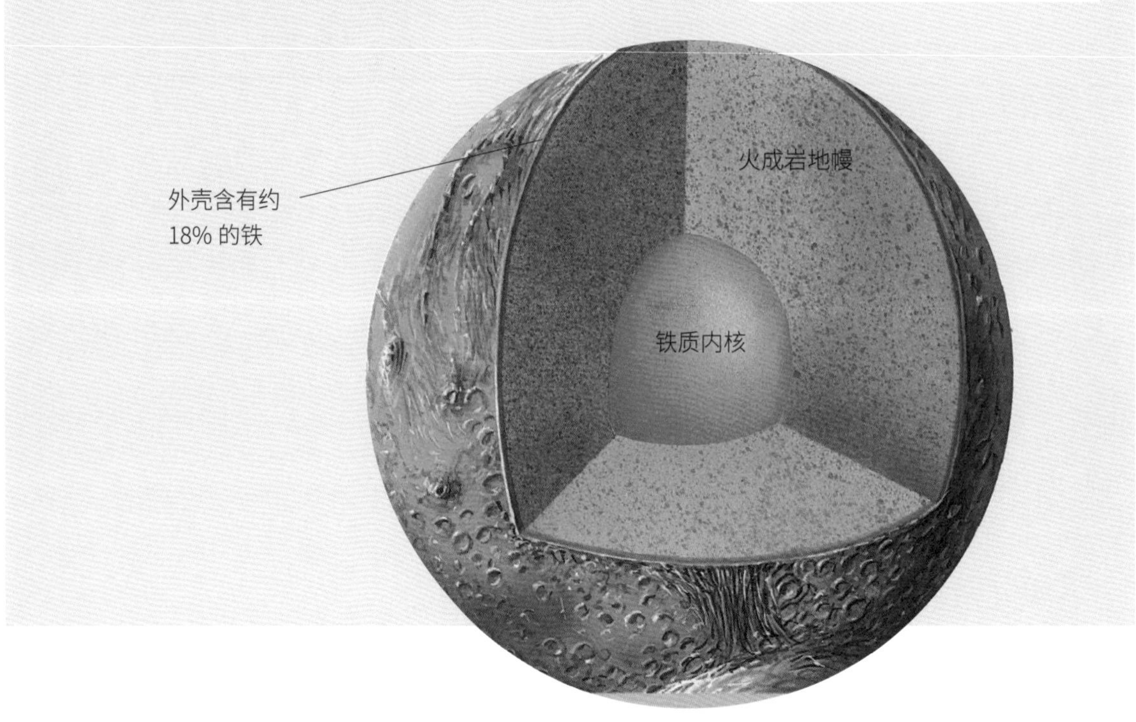

的公转轨道也会在大概相同的时间内由椭圆形转变成圆形。这两个变化都可以使火星上的气候产生巨大的变化，科学家们也据此认为，过去火星上的气候可能比现在要潮湿和舒适得多。

从地球上，我们可能会观测到火星表面分为较为黯淡的红褐色区域和较为明亮的橘黄色区域，并且季节性的变化也可以被我们观测到，一些区域会随着时间的流逝，由褐色变为绿色。法国天文学家埃曼纽尔·里艾斯（Emmanuel Liais）曾经在1860年提出，火星表面昏暗的地方实际上并不是海洋，而是覆盖有大量苔藓类植物的古老海床。但是，根据20世纪70年代降落在火星上的探测器的发现，我们可以知道火星上并没有植物。事实上，火星上季节更替的景象是由在深色岩石周围被吹拂的沙尘形成的。

火星上的“运河”

1877年，意大利天文学家乔范尼·夏帕雷利（Giovanni Schiaparelli）在他位于米兰的天文台用一台新式的大型望远镜观察火星时，观测到火星表面有40条可见的Canali（意大利语，它的意思是“沟渠”）。不幸的是，这个词在翻译成英文时被译成了canal（运河）。因此，几年后，当观察家们观测到那些沟渠明显地成双出现时，一些天文学家提出它们是“火星人”为了灌溉干旱的土地而建造的“运河”。

1894年，坚持这种观点的美国天文学家帕西瓦尔·罗威尔（Percival Lowell）在美国亚利桑那州的弗拉格斯塔夫建造了一个专门用来观察火星的天文台。最终，他在火星上标注出了大约500条“运河”。

到了20世纪30年代，希腊裔天文学家尤金尼厄斯·安东尼亚迪（Eugenios Antoniadi）运用

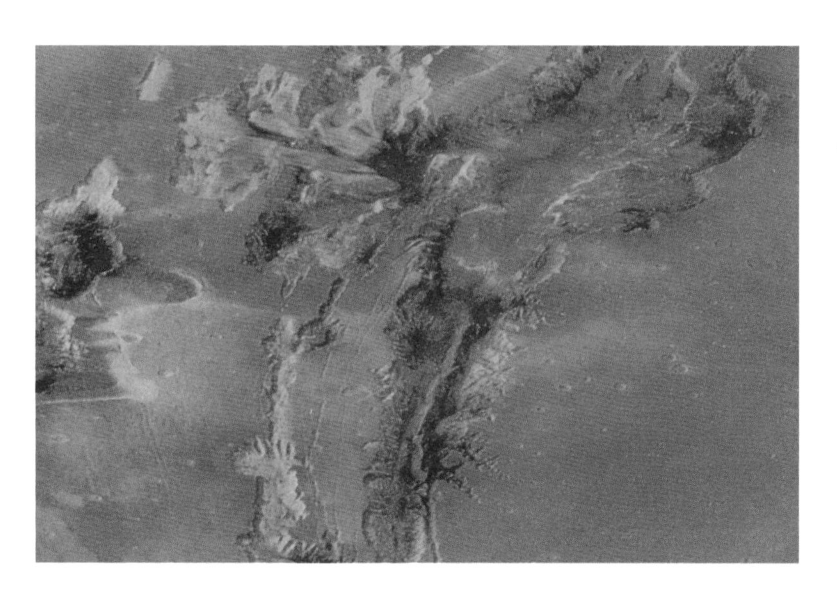

这是一张经过电脑处理的火星上的水手谷的图像，这个巨大的峡谷系统是由断层作用、侵蚀作用，以及山体崩裂等原因形成的。图中所示的这部分含有分层的岩石，可能是在古代的河流或湖泊中沉积形成的，这也证明了在这个干涸的星球上过去曾经有过水。

▲ 美国航天局 2012 年 10 月 11 日宣布，“好奇”号火星车发现的一块被命名为“杰克”的火星石，其化学成分不同于此前在火星上发现的其他岩石，而是类似地球内部产生的岩浆岩。

更加先进的天文望远镜对火星进行了观测，结果发现，火星上的“运河”并不是连续的，而是由斑点和条纹组成的“线段”。现在，宇宙飞船所拍摄的近距离的火星图像已经证明，所谓的火星上的“运河”只不过是人类的一种光幻觉罢了。

火星探测器

美国的“水手”4 号火星探测器完成了第一次成功的火星空间探测任务。1965 年 7 月 14 日，它在距离火星表面一万千米的高空拍摄了 21 张照片。

另外两个火星探测器“海盗”1 号和“海盗”2 号于 1975 年飞往火星。两个探测器都分为两个部分，其中的一个部分是着陆舱，它们都成功地在火星表面着陆了。

中国“萤火一号”火星探测器，也是中国首枚火星探测器，在 2011 年 11 月 9 日凌晨搭乘俄罗斯的天顶号运载火箭与福布斯 – 土壤号火星探测器一起发射升空，预计飞行 3.5 亿千米，于 2012 年 9 月进入火星轨道。但遗憾的是，因发动装置没有工作，两次点火都没有成功而宣告失败。2011 年 11 月 26 日，美国“好奇”号火星车发射升空，顺利进入飞往火星的轨道。它是第一辆采用核动力驱动的火星车，于 2012 年 8 月 6 日成功降落在火星表面，展开为期两年的火星探测任务。

▲ 图中是意大利天文学家、米兰天文台主管乔范尼 · 夏帕雷利（1835 – 1910 年），他对火星表面的详细描述导致人们错误地认为火星上有生命存在。

火星上的生命

早期有关火星上拥有灌溉“运河”和植物的说法，使人们认为火星是适宜生命存活的。在最后一批宇航员于 1972 年离开月球后，许多科学家坚信人类的太空探索将会继续进行，并且认为，在 10 年内，人类将能踏上火星这颗拥有最适宜生存环境的近日行星。1976 年，为了寻找火星上存在植物和动

◀ 图中是“海盗”号着陆器的等比例模型，它被放置在虚拟的火星环境之中。为了收集和记录有关火星的信息，两个“海盗”号着陆器上都配备了传感器和照相机，在安装于着陆器上的机械手的末端有一个铲子，用来收集用于实验的土壤样本。

物的证据，在“海盗”1号和“海盗”2号探测器上进行了一系列实验。着陆器收集了6份着陆点的土壤样本，并将它们送到探测器上。在那里，这些土壤样本被“喂食”放射性的二氧化碳和营养“汤”，用来观察土壤样本中是否会有东西进食、呼吸或者进行光合作用。遗憾的是，实验的结果并不能肯定地证明火星上存在着植物和动物。

这些在太空探测器上所进行的实验同时还表明，尽管火星上确实拥有大气，但是人类却无法呼吸这些大气。火星大气的密度只有地球大气密度的0.7%，其中二氧化碳占95.3%、氮气占2.7%，而氧气仅占0.13%。不过，在相当久远的过去，火星的大气比现在稠密得多，并且大气中含有很多的水分，所以，火星上确实可能存在过生命。

大开眼界

西伯利亚的“信号”

19世纪初期的人们坚信火星上是有生命存在的。著名的德国数学家K.F.高斯甚至认为，如果我们在俄罗斯西伯利亚地区的土地上画出巨大的几何图案，火星上的生物就能够看到这个“信号”。

你知道吗？

2010年6月，俄罗斯开始在莫斯科进行世界首个模拟火星之旅实验，6名来自俄罗斯、中国、法国等国的志愿者在狭小的模拟密封舱内生活520个日夜。中国航天员科研训练中心宇航员教员王跃入选。2011年11月4日7时58分，王跃圆满完成任务，第3个走出舱门。

火星的卫星

火星是距离小行星带最近的一颗行星。在过去的某个时候，火星从小行星带中吸引了两颗小的、石质的、没有大气的小行星。现在，这两颗小行星围绕着火星旋转，成了火星的卫星。这两颗卫星分别以罗马神话中战神的两个儿子佛伯斯（火卫一）和德莫斯（火卫二）来命名。佛伯斯（火卫一）在距离火星中心 9270 千米的轨道上绕火星公转，而德莫斯（火卫二）则在距离火星中心 23400 千米的轨道上运转。

这两颗卫星的外形看起来都非常像土豆。佛伯斯（火卫一）长 28 千米、宽 20 千米，而德莫斯（火卫二）则要小一些，长 16 千米、宽 10 千米。它们的表面都被薄薄的、灰白色的尘埃层所覆盖。史蒂克妮陨石坑是佛伯斯（火卫一）上最大的陨石坑，它的直径达 10 千米。形成这个巨大陨石坑的陨石撞击力非常强大，对这个撞击力来说，佛伯斯（火卫一）可能仅仅是一个松散的岩石碎片的集合体而已。

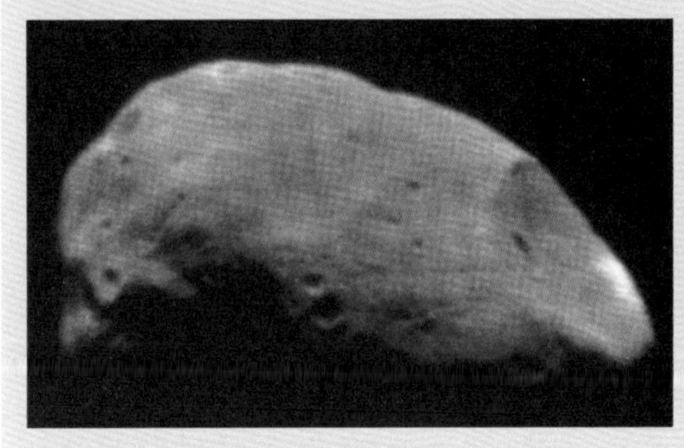

▲ 史蒂克妮陨石坑位于佛伯斯（火星的卫星，火卫一）的右边，它是以火星卫星的发现者阿萨夫·霍尔妻子的姓来命名的。

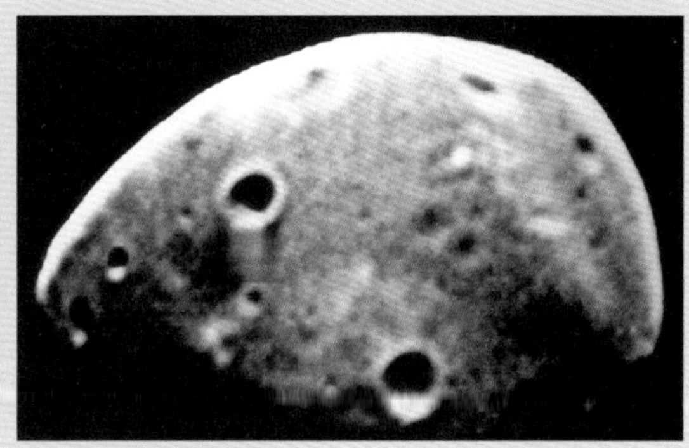

▲ 图中显示的是火星的两颗卫星中较小的一颗：火卫二。它表面上的凹坑是由陨石的撞击而成的。

水星

水星是距离太阳最近的行星。由于太阳的光辉掩盖了它的光芒，再加上它的体积相对较小，所以与金星、火星、木星和土星相比，水星不太容易看得到。人们只能在日落后的西方天空的低处和拂晓前的东方天空的低处看到它。

水星大约是在46亿年前，由围绕着早期太阳的尘埃形成的。在太阳系的四个石质内行星中，水星的体积最小；在太阳系的全部行星中，它也是最小的。在水星形成的早期，它无比炎热，几乎快要熔化。高温使它的直径膨胀了大约35千米，同时产生了很多火山，火山熔岩流出来，随后凝固，形成平原。接着这颗星球开始冷却并收缩，在星球的表面形成了山脊。

水星温度高，体积小，这两个因素综合导致了另一个重要结果，那就是水星的重力场不够强，无法吸引住大气层。所以它是一颗干燥的、空气稀薄的行星，白天酷热，晚上寒冷。

陨石坑与岩石

水星的表面显得很苍老，上面布满了陨石坑，就像月球上的高地一样。这是因为在水星漫长的历史上，曾经受到许多小行星和彗星的撞击。卡罗斯盆地（Caloris）是水星上最大的陨石坑，直径达1300千米。它形成时产生的冲击波迅速传遍了整个星球，使正对陨石坑的另一面地表剧烈震动，从而产生了一系列山脉。陨石坑的表面散布着许多岩石，这些岩石的光反射度是月球岩石的2倍，这表明它们的成分是不同的。

水星日

地球每天绕自转轴旋转一圈，太阳每天早晨升起、傍晚落下。同时，地球每年绕太阳公转一圈。但水星上的情况却复杂得多。每58.7个地球日，水星自转一圈；每88个地球日，水星绕太阳公转一圈。这就意味着它在绕太阳公转两圈的同时，也会自转三圈，从而导致水星上的一

水星日

水星每 58.7 个地球日绕自转轴自旋一圈，每 88 个地球日绕太阳公转一圈。这意味着每 176 天，水星绕太阳公转两圈的同时，也会自转三圈。176 天就是水星的一个日出周期，如图所示。编号 1 到 4 的红线表示星球表面的某一点在水星绕太阳第一圈时的运动情况。编号 5 到 8 的绿线表示这一点在水星绕太阳第二圈时的运动情况。

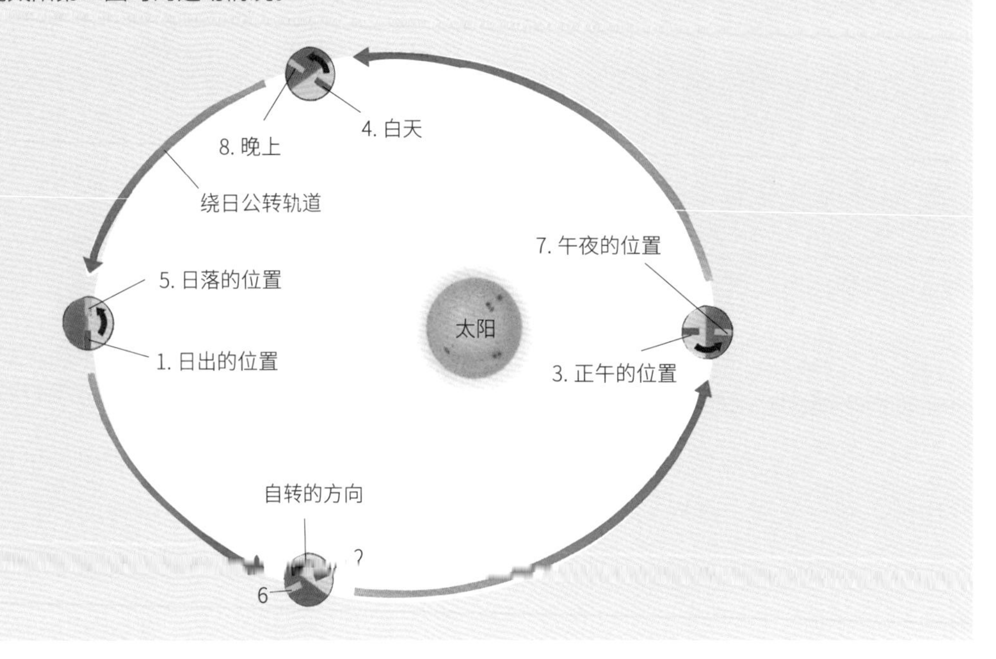

个太阳日（从一次日出到下一次日出的时间），相当于 176 个地球日。

大开眼界

从卫星到行星

水星可能曾经是它的邻居金星的卫星。科学家们认为，水星表面巨大的潮汐可能引发了强大的摩擦力，导致水星绕金星旋转的速度减慢，从而进入绕日运行的轨道，成为一颗独立的行星。

“水手”10 号

迄今为止，唯一访问过水星的太空船是由美国发射的“水手”10 号探测器。“水手”10 号于 1973 年 11 月 3 日发射，在 1974 年 2 月 5 日掠过金星，并借助金星的引力改变轨道，飞往水星，并于 43 天后成功抵达。1974 年 3 月 29 日，“水手”10 号第一次飞过水星，距离水星最近时不到 700 千米。这次探测虽然只有一天，却成功拍摄了几千张水星表面的照片。1974 年 9 月 21 日和 1975 年 3 月 13 日，“水手”10 号又再度两次光临水星。在第二次飞过时，绘制了水星南半球的地表图，

▼ 这是一位艺术家制作的“水手”10号空间探测器在环绕水星的轨道上飞行的图片。从1974年到1975年，这艘美国太空船三次飞过这颗星球，拍摄了很多照片。借助这些照片，科学家们绘制出了大面积的水星地表地图，标注出了众多陨石坑的精确位置，包括巨大的卡罗斯盆地。

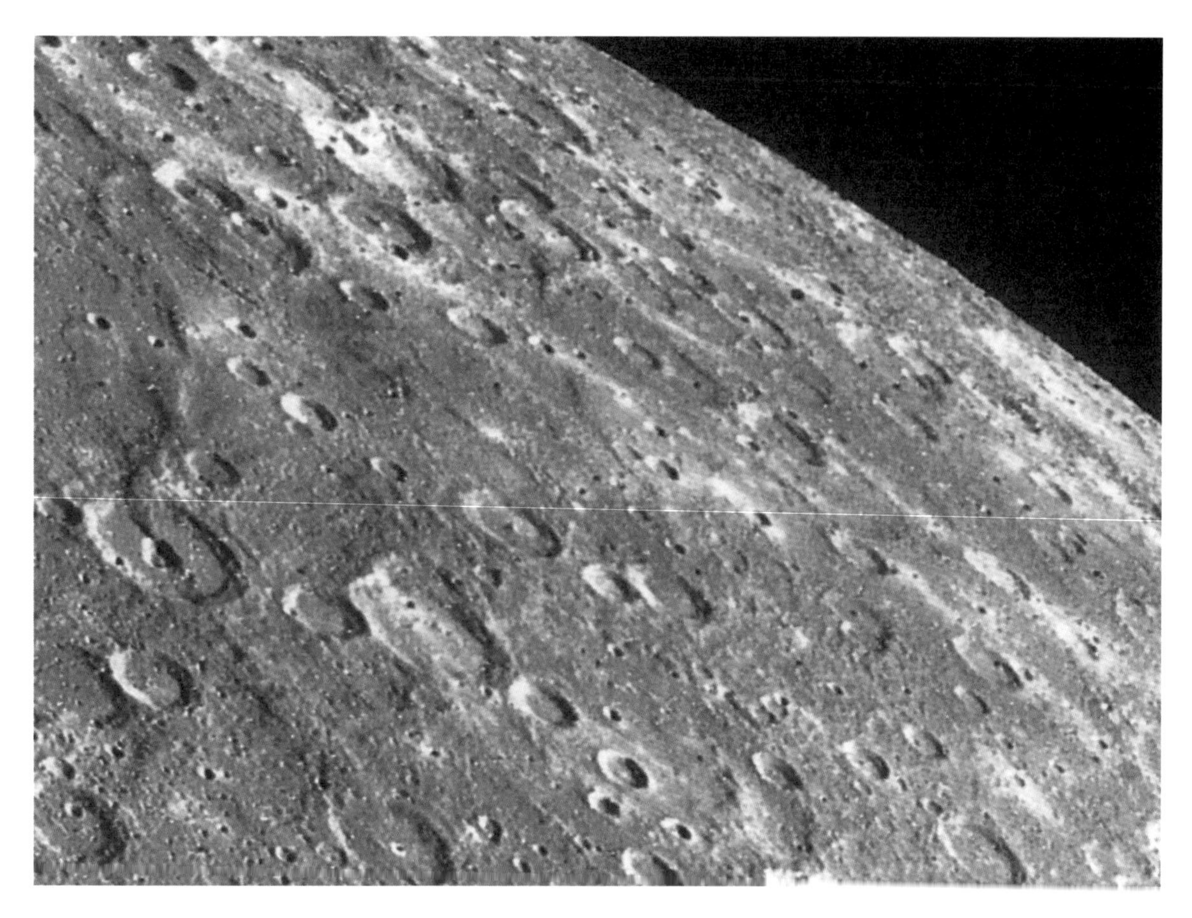

▲ 这是一张由“水手”10号拍摄的水星表面的照片。这颗行星的主要自然地貌是陨石坑，但它的表面也有平原、山脉、峡谷和被称为“背脊”的峭壁。这些陨石坑都以名人的名字命名，在水星表面，我们可以找到巴赫、雷诺阿和许多其他名人的名字。

弥补了第一次的遗漏。

通过三次对水星的造访，“水手”10号不仅观测到了水星的表面形态，而且还测量了水星的温度、上面岩石的颜色、星球的磁场，以及水星对太阳风的影响。最后一次飞掠水星后，由于这个空间探测器耗尽了姿态控制系统中的推进气体，永远和地球失去了联系。它现在正飞行在环绕太阳的某个未知的轨道上。

你知道吗？

磁场的奥秘

“水手”10号发现了水星的磁场，这十分令人惊讶。因为大部分行星周围的磁场都是由行星内部熔化的内核的运动引起的。由于水星的体积太小，科学家们推测它在演变过程中已经彻底冷却下来，现在应该完全是固体了。但事实上，水星富含铁元素的内核仍然在运动，这可能是由于内核占整个水星体积的比例较大的缘故。不过，水星的磁场强度仅为地球磁场强度的1%。

天堂的使者

水星绕日公转的速度比太阳系中的其他行星都要快得多，所以，人们用罗马神话中速度最快的神的名字为它命名。水星最明显的特征是密布着陨石坑的表面，其次就是富含铁元素的内核，以及昼夜波动达 600°C的表面温度。

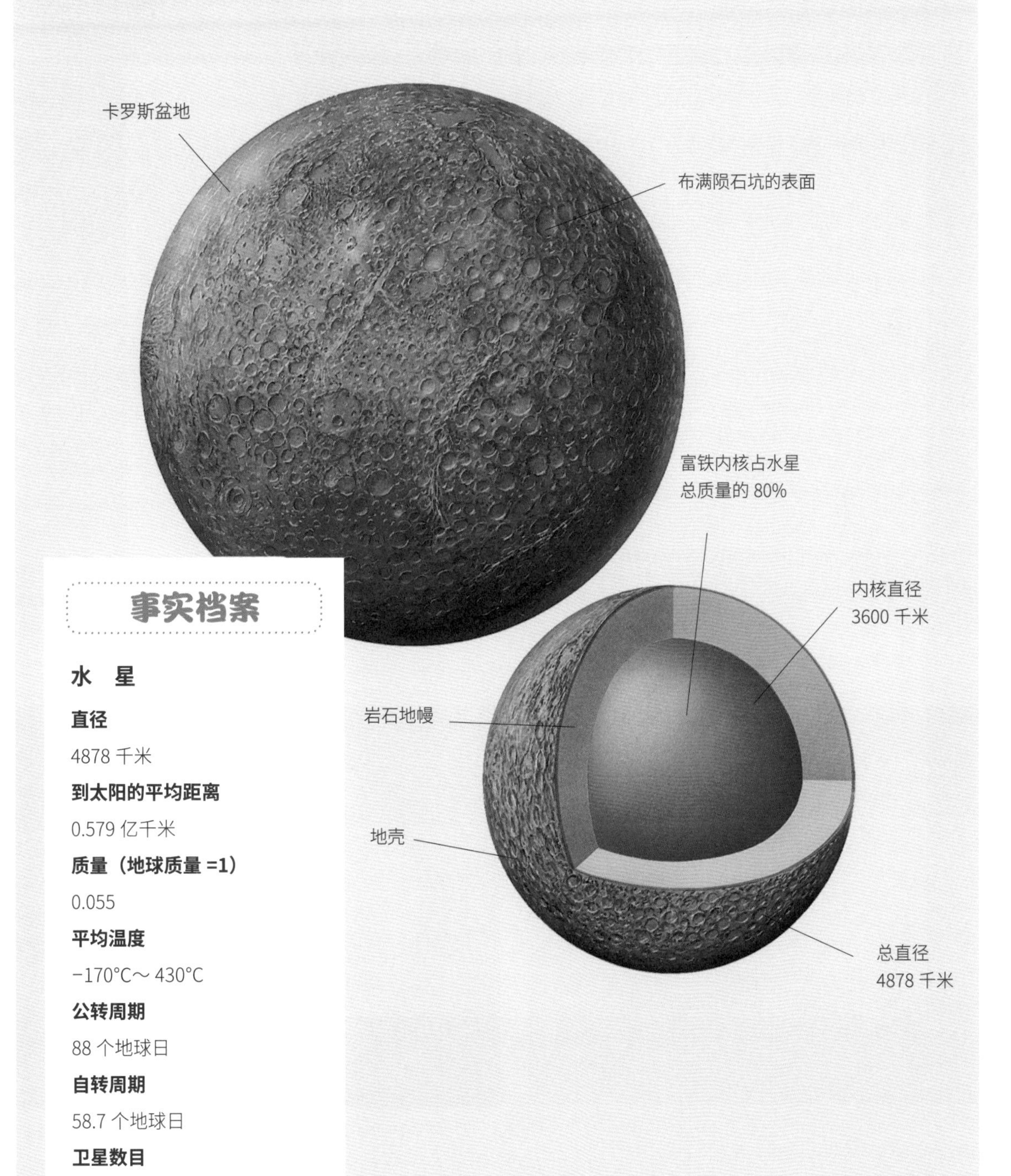

事实档案

水　星

直径

4878 千米

到太阳的平均距离

0.579 亿千米

质量（地球质量 =1）

0.055

平均温度

−170°C～ 430°C

公转周期

88 个地球日

自转周期

58.7 个地球日

卫星数目

0

金星

很多年以来，人们一直将金星看作地球的姊妹星。它是距离地球最近的行星，而且大小和质量都和地球非常相似。但是最近的太空观测结果表明，金星其实与我们的地球大不相同。

金星在距离太阳很近的轨道上运行。在地球上，我们可以看到它闪耀在黎明的晨曦中，这时我们称它为启明星；它也会在黄昏时分出现在人们的视野中，这时我们称它为长庚星。和月亮一样，金星也有相位变化，也会从一道纤细的月牙变成一个完整的圆盘。

金星的构造

金星的表面非常平坦，只有 8% 的面积是高地，而地球上的高地占地球总面积的 45%。金星上最高的山峰高于平均地平线 11 千米，与地球上最高峰的高度差不多。65% 的金星表面都是

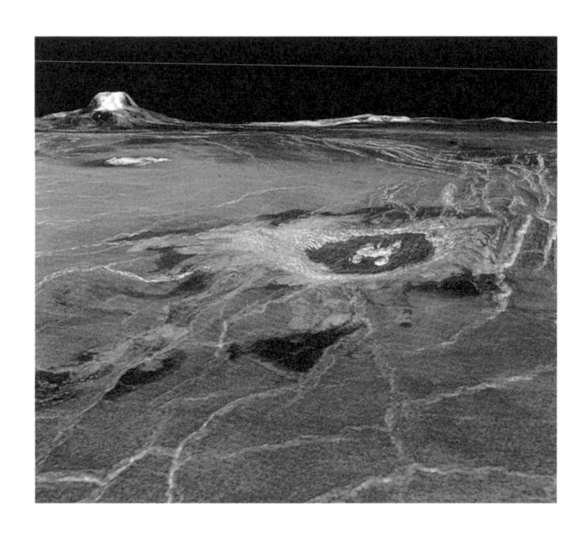

▲ 美国的“麦哲伦”号探测器上的雷达设备制作出了这张金星的照片，向我们展示了金星上仅有的几个大型陨石坑之一。图中左上角的隆起是 Gula 火山。

▲ 这张合成图片是用“先锋金星”号飞船拍摄的照片制作而成的。图片向我们展示了这颗美丽的行星上空独具特色的旋涡状云。

平原，其余 27% 是低地。

金星表面散乱分布着很多火山，其中许多仍在活动。这些火山使金星表面的大部分地方都布满了火山熔岩，从而不断更新着星体表面，使得金星表面的平均年龄只有 5 亿年，而水星表面的平均年龄为 30 亿年。同样，在金星上很少见到陨石坑，因为大多数坑都被凝固的火山灰填平了。

金星的表面大多是由轻质的、非金属的玄武岩构成的，这说明这颗行星曾经熔化过，较重的金属物质沉入中心，形成了一个高温的地核。地核外面是高温的岩石地幔。金星的最外层是地壳，地壳还没有像地球地壳那样碎裂成移动的大陆板块。这可能是由于没有水起润滑作用的缘故。金星是太阳系中最热的行星，表面温度高达 480℃。如此强大的热力在很久以前就把火山喷出的水蒸干了。

你知道吗？

女性特征

天文学家们一致同意，由于金星（Venus）是以女神维纳斯的名字命名的，所以金星表面的所有地貌特征——平原、陨石坑、山脉和火山，都将以女性的名字来命名。但是麦克斯韦山在天文学家达成一致前已经得名，它是以英国科学家詹姆斯·克拉克·麦克斯韦的名字命名的。它是这颗行星上唯一的男性用名！

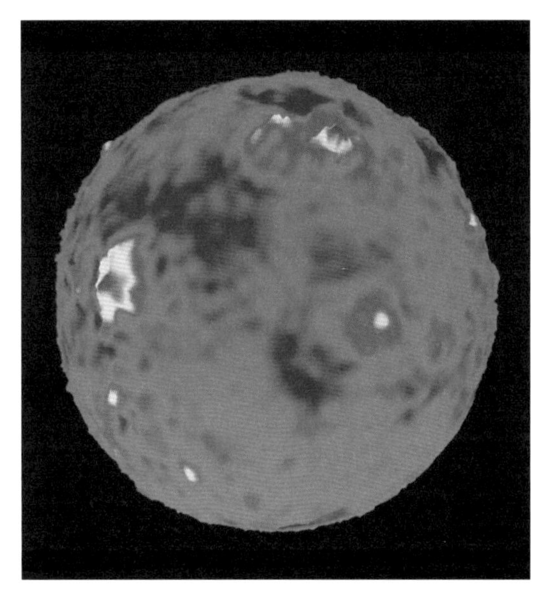

▲ 这张金星的图片显示了星体表面的海拔情况，深蓝色代表最低处，红色代表最高处，这颗行星的最高峰麦克斯韦山，位于右上方红色和黄色的位置。

金星的大气层

金星的大气层中闪电不断。金星大气包含将近 96.5% 的二氧化碳和 3.5% 的氮气，而地球大气中包含 78% 的氮气和仅仅 0.03% 的二氧化碳。金星的大气压也与地球上大不相同——金星的大气压比地球的大气压高 90 倍！

金星大气层的高处是 50 千米厚的云层，温度仅为 -30℃。轻柔的硫酸雨从云层中飘落下来，但是雨水在到达金星表面前就蒸发了。云层每 4 天绕金星转一圈，旋转速度比金星本身还快，而方向恰好相反。从金星的北极上空观察，金星沿顺时针方向自转，而云层则逆时针旋转——没有人知道为何如此。

金星上空浓密的云层造成了星体表面的高温。一部分来自太阳的热量能够穿透云层，但是，当这些热量从星体表面以红外线的形式反射回去时，大约有 50% 都无法逃逸出去。云层制造了

空中的女神

从远处看，金星是一颗美丽的星球。这或许解释了为什么它被冠以罗马爱和美的女神维纳斯的名字。但是如果你到金星表面做一次旅行，你就会发现那里的环境简直是噩梦。你无法呼吸金星上的空气，强大的气压会使你粉身碎骨，你会在灼热中被煎成肉饼，还会溶解在蒙蒙酸雨之中。

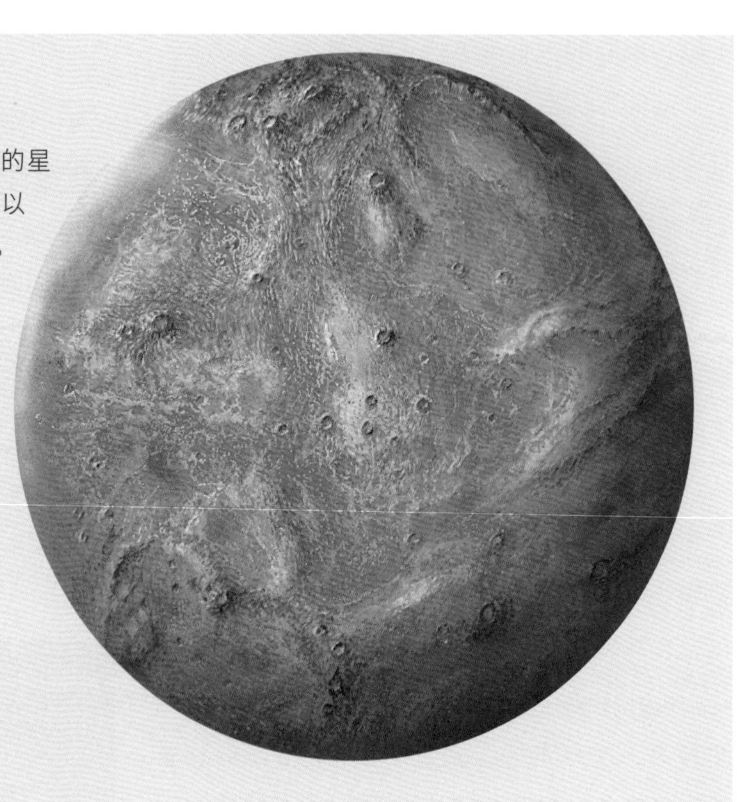

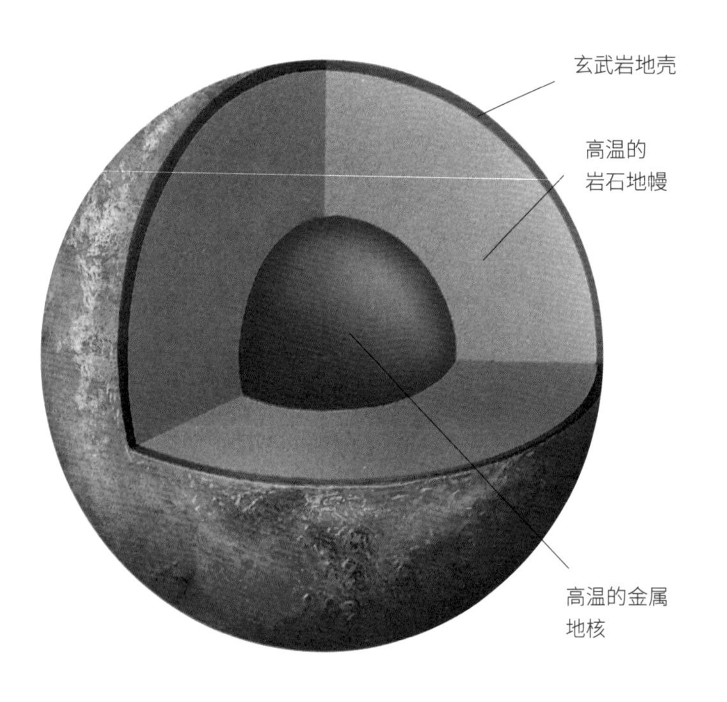

事实档案

金　星

直径

12103 千米

离太阳平均距离

1.086 亿千米

质量（地球质量 =1）

0.815

表面温度

约 480°C

绕日公转一周的时间

224.7 个地球日

绕轴自转一周的时间

243.08 个地球日

卫星数

0

一种温室效应，将热量保存在下面。事实上，云层的“保暖”效果如此显著，以至于金星上没有寒冷的极地。

金星日

金星每 243.08 个地球日自转一周，这比它绕太阳公转一周的时间长 19 天左右。虽然它沿自转轴顺时针自转，但是它绕日公转却是沿逆时针方向的，所以在金星上，太阳从西边升起，从东边落下。金星上两次日出的时间间隔为 116.67 个地球日。

飞往金星的飞船

金星的云层遮住了它的面容，但是科学家们可以利用宇宙飞船上的雷达穿透云层进行观测。多年来，美国的“先锋金星”号、苏联的“金星”号飞船，以及美国的“麦哲伦”号探测器，成功地传回了大量金星表面的照片。2006 年 4 月，欧洲宇航局的“金星快车”星际探测器成功进入了金星轨道，陆续传回了许多有关金星的宝贵资料。

大开眼界

逃逸的水

在很早以前，金星的热力将水转化成了水蒸气，水蒸气不断上升，穿越了大气层。一旦升到云层之上，来自太阳的紫外线就会将水分子分解为氢原子和氧原子。然后这些原子就逸散到外太空去了。

月球

月球是地球唯一的天然卫星。它是一颗干燥、寂静，没有大气和生命的星球，大小只有地球的四分之一。但几千年来，它一直都是那样令人着迷，而且是迄今为止人类唯一登陆过的地外天体。

万有引力使地球和月球在绕太阳公转的轨道上保持着各自的位置。月球在绕太阳公转的同时，也以27.3天的公转周期绕地球旋转。地球和月球在绕太阳运行的同时，也在绕自转轴自转。地球每天自转一周。月球的自转速度要慢得多，它的自转周期为27.3天。由于公转周期和自转周期一样，所以月球总是以相同的一面对着地球。我们在地球上永远无法看到月球的另一面，直到1959年，苏联发射的“月神”3号太空船拍下了一张完整的照片，我们才得以目睹它另一面的“真容”。

▲ 在上面这幅月龄为6（初六）的月亮的照片中，我们可以清楚地看到月球上的环形山，尤其是在月球表面黑暗和明亮区域的明暗界线处。

月球的形成

地球和月球都是由46亿年前太阳诞生时留下的物质构成的。但月球究竟是怎样形成并成为地球的卫星，却至今还没有确切的答案。它可能是由某颗年轻的行星突然碎裂形成地球和火星时，抛出的熔融状态的物质形成的；也可能是在地球形成初期，由于地球的地心引力而被“俘获”到现在的轨道上来的。还有一种更可能的解释认为，它是由一颗火星般大小的小行星撞击年轻的地球时由它撞击出的碎块聚集而成。按照这种理论，星球碰撞后喷射出来的物质，被推进围绕地球运动的轨道上，然后经过漫长的时间逐渐聚合形成了月球。

从地球看月球

月球是地球在太空中最近的“邻居”。月球本身不会发光，但是由于它能反射太阳的光芒，所以我们能看到它。照射到月球上的太阳光大约有7%都被反射了，这足以使月亮成为夜空中最明亮的物体了，因此，我们凭肉眼就可以看清它的表面特征。

在任何时候，月球都是一半被阳光照耀着，而另一半则处于黑暗之中，这和地球的一半在经历白昼，另一半处于黑夜是一个道理。不过，在地球上并不总是能看到月球明亮的那一半。当我们看月亮的时候，有时会看到一轮明月，有时却几乎看不到它，因为此时面对地球的恰好是处于黑暗之中的那一半月球。我们可以看到的明月的大小会随着时间改变：它会逐渐由蛾眉月变为半月、凸月、满月，然后又变回几乎看不见的新月。这样一个完整的变相周期需要

月相

月球盈亏圆缺变化而出现的各种形象称为月相。事实上，在月球围绕着自转轴自转的时候，我们会看到不同的月相。从新月到满月再到新月，一个完整的月相周期需要29.5天。在这幅图表中，外面一圈显示了太阳是如何照亮月球的，而里面一圈则显示了月球在运行过程中，人们在地球上所看到的不同月相。

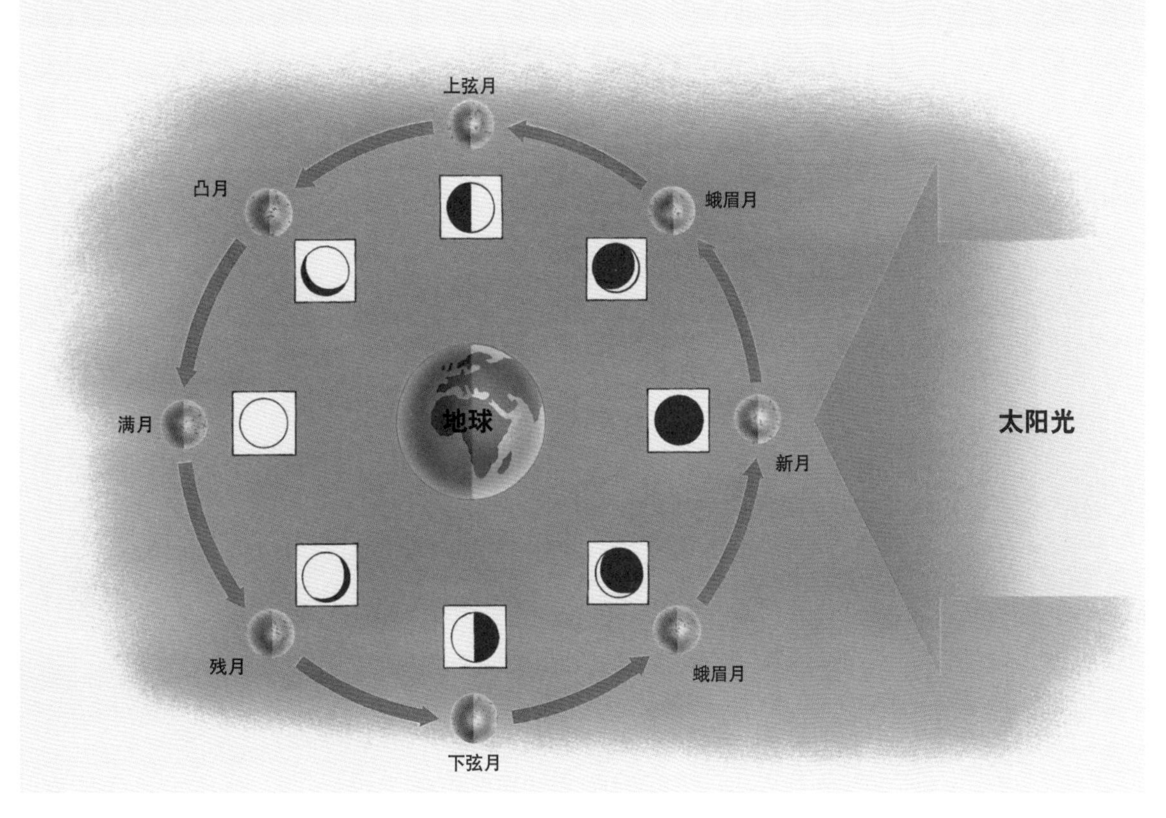

29.5 天。

将月球划分为黑暗和明亮两部分的分界线称为明暗界线。这条线为我们提供了能够清楚观看月球表面某些特征的有利环境。在这里，阳光与高地投射的阴影的对比最明显。月球表面大范围的高地和低地总能被轻易辨认出来：较亮的区域是高高的山地，而较暗的部分则是低矮的平地。这些较暗的区域被称为月海，之所以这样命名，是因为早期的天文学家们认为这些区域都是海洋。

月球的表面

在月球形成初期（30 亿～40 亿年前）的大约 7.5 亿年的时间内，月球曾经被大量的太空陨石撞击过。这些撞击使月球表面形成了许多被称为环形山的圆形凹坑。环形山密布在月球的表面，是月球上最古老和最明显的特征。它们的大小从直径不足 1 米，到直径长达数百千米。一些较晚形成的环形山，比如直径长达 100 千米的第谷环形山和略小一点的哥白尼环形山，在地

▲ 美国"阿波罗"16 号飞船的登月舱于 1972 年 4 月在月球上着陆。在对月球的 3 天"造访"中，两位宇航员查尔斯·杜克和约翰·扬收集了大量的土壤样本，并驾驶特别设计的月球车（图中左上角）在月球表面行驶了 26 千米。

球上都很容易被看到。

月球上最大的环形山被称为盆地，山脊与山脉环绕着盆地呈同心圆分布。在月球朝向地球的一面（正面），月球的外壳最薄，在这里的许多盆地中都充满了大约 30 亿年前形成的火山岩。这种盆地成为今天的月海。

月球任务

从 1959 年开始，在 17 年的时间里，苏联一共发射了 24 枚“月球”号机器人探测器探索月球。这些探测器拍摄了大量月球表面的照片，包括 1959 年第一次拍摄到的月球背面的照片。1966 年 1 月，“月球”9 号实现了第一次在月球上的可控性着陆，并从月球表面发回了 3 天的电视图像。在 1970 年和 1973 年，“月球”号探测器向月球表面运送了两辆无人驾驶月球车：“月球车”1 号和“月球车”2 号。通过在地球上的控制，这两辆月球车可以在月球表面行驶，并对月球表面进行检测。20 世纪 70 年代初期，“月球”号探测器曾经 3 次将月球上的土壤样本带回地球。

1961 年以来，美国的“游骑者”“勘测者”“月球轨道器”等探测器曾经在月球进行了 8 年的信息采集。这些信息对科学家们第一次制定人类登月的“阿波罗”计划至关重要。在整个“阿波罗”计划中，一共有 12 名美国宇航员曾经在月球上行走。第一个在月球上行走的美国宇航员是尼尔·阿姆斯特朗，他于 1969 年 7 月 20 日从“阿波罗”11 号上踏上了月球的宁静海。

中国也在探月工程方面积极进取，于 2013 年 12 月 2 日成功发射“嫦娥”3 号。这使中国成为世界上第三个掌握月球软着陆和月面巡视探测技术的国家。

事实档案

月　球

直径
3476 千米

平均月地距离
384，400 千米

质量（地球质量＝ 1）
0.012

表面温度
−183°C～ 127°C

公转周期
27.3 个地球日

自转周期
27.3 个地球日

看不见的宇宙

天文学家们知道，宇宙中存在着大量我们用肉眼看不到的东西。他们通过 X 射线探测或者其他的方法来充分展现我们熟悉的一切，并发现我们未知的一切。但是宇宙中仍然存在着我们看不见的东西。有些物质科学家们明明知道它们存在，却仍然探测不到。

宇宙中的所有物体都会产生电磁辐射，它们以不同长度的波的形式传播。以形式传播的辐射，每个人都熟悉。但是，天体也会发射出一些长波的辐射（如红外线和无线电波）和短波的辐射（如紫外线、X 射线和伽马射线）。天文学家们会将所有的辐射都收集起来，绘制出天体的完整图像。

从太空物体中收集可见光并不容易。地球的大气层就像一道屏障，会阻止光线到达地表。

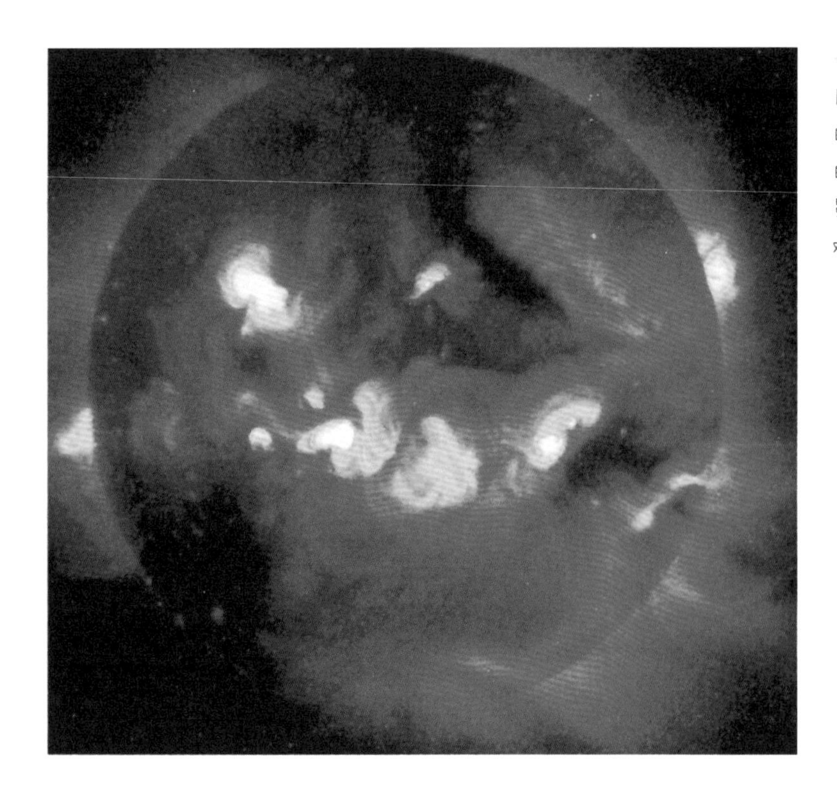

◀ 这是一张有关太阳的 X 射线图，是由一颗日本卫星拍摄下来的。它清晰地反映出日冕（太阳的大气外层）的活动状况。从日冕气体中发射出来的 X 射线，很难在地球表面被探测到。

探测方法

天文学家们在不同的海拔高度，用不同类型的设备，收集各种不同类型的辐射。有的设备能够收集多种波长的光。例如哈勃太空望远镜，就可以用来探测紫外线和可见光。

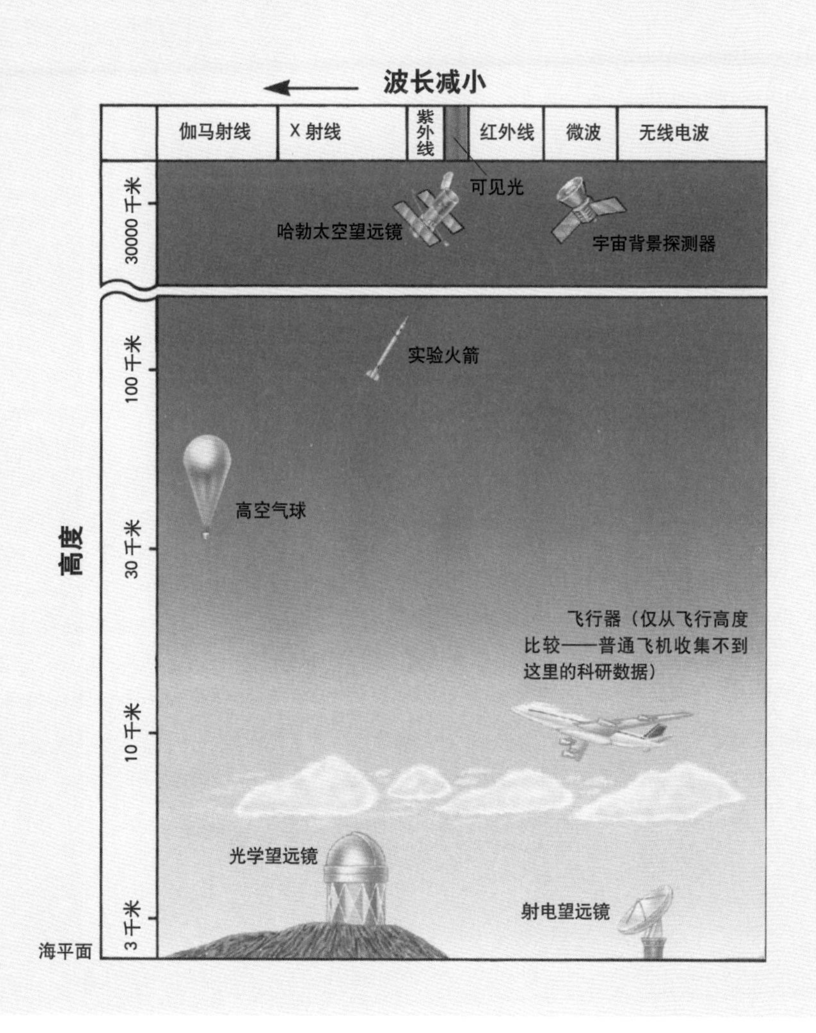

其他形式的辐射也被同样的方式阻止。一般来说，波长越短，越难以穿透大气层，所以，天文学家们把用来探测短波的仪器发射到绕地球运行的轨道上。其他波长，包括可见光，都是在山顶上的天文观察台进行探测的。无线电波可以不受限制地抵达地面，因此，不管什么天气，无线电望远镜在海平面上都可以使用。

通过收集不同的电磁波，天文学家们可以揭示出宇宙物体的真相。用红外线对星系进行探测，可以发现处于生命尽头的巨星，或者新星即将诞生的气体和尘埃云。在可见光中，这些物体很难看到，因为在天空中，其他物体的亮度使它们相形见绌。

可见光

这张银河星系的可见光照片是用广角镜拍摄的。在这些波段上，看不见银河系的中心，因为星际尘埃使它变得模糊不清。

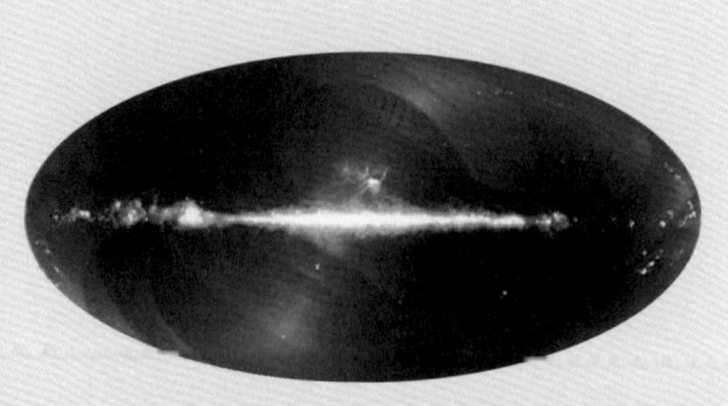

红外光

当银河转到中间位置时，通过宇宙背景探测器（COBE）卫星拍摄了这张整个天空的红外图像。星际尘埃发射红外光，所以可以在这些波段对它进行详细研究。

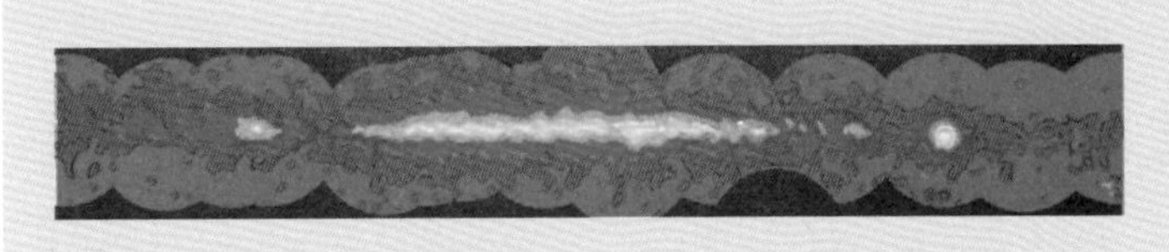

伽马射线

这张银河的假彩色照片是通过一颗伽马射线卫星拍摄下来的。图片中蓝色区域发射出来的伽马射线最弱，黄色区域发射出来的伽马射线最强。天文学家们相信，在黄色区域中，大部分都是密集的中子星。

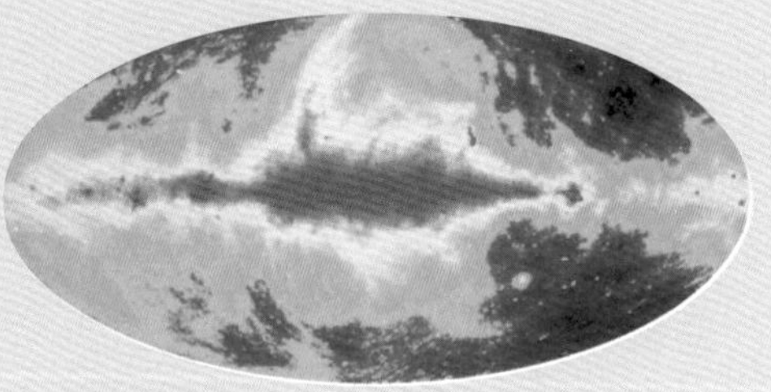

无线电波

无线电波揭示了银河系中的一些秘密，包括其中的螺旋结构。在这张天空图片中，红色的是银河系。红色标志着来自银河系的无线电波是最强的。

成千上万新的宇宙物体，甚至全新的天体，都是通过它们发射出来的不可见光被发现的。（一种古怪而年轻的星体）是在 1963 年时，由它们发射出来的无线电波被发现的。

暗物质

天文学家们计算过宇宙中应该有多少物质。他们把已经被探测到的所有物质加在一起。结果这两个数字并不一样，因此他们相信，宇宙中大约有 90% 的物质不仅看不见，而且完全“失踪”了。这些“失踪”的物质被称为暗物质。有一些暗物质是黑洞和黯淡的星辰（棕矮星），但它们只是其中小部分。其他暗物质的位置和形式仍然是谜。天文学家们正在努力工作，试图找到它们。

黑洞

当一些恒星走到生命的尽头时，形成了黑洞。黑洞诞生的第一个阶段是在大龄恒星爆炸并形成超新星时。在爆炸中，恒星物质朝着四周被轰开，形成球体，环绕着密度更高的坍缩的核。如果这个核中的物质超过太阳的三倍，它将继续坍缩。核中物质的密度越来越大，直到体积为零。这被称为寄点。它的引力很强，因此在它周围产生了一个被称为黑洞的空间。任何靠近黑洞的物体都会被吸进去，并越过它的边界（事件穹界），然后被永远捕获。黑洞的引力如此之强，没有任何物质能够逃脱，甚至光，尽管光在宇宙中的运动速度比其他任何物质都快。因为光线不能从黑洞中逃出，所以我们看不见它。不过，我们可以通过引力和碟形吸积体（围绕在黑洞周围的物质）的辐射，探测到黑洞。因为碟形吸积体中的物质盘旋进入黑洞时，会发射出 X 射线，能被我们探测到。黑洞是作为二元系统的一部分产生的，在二元系统中有两颗星。如果伴星中的气体被吸入黑洞，它也会在消失前，发射出可以被探测到的 X 射线。

▲ 这是一个名叫 M51 的旋涡星系，在它的上方是较小的 NGC5195 星系。天文学家们相信，在 M51 的中心部位，有一个巨大的黑洞。

黑洞的真相

黑洞巨大的引力会将它周围的物质都吸进去。这些物质形成了一个蝶形吸积体。蝶形吸积体的内侧边缘发射出 X 射线。通过对这些 X 射线的测量，可以探测到黑洞的位置。

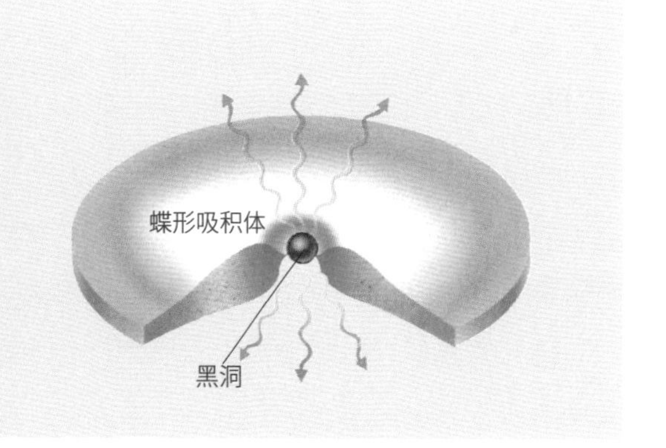

卫星和光环

天文学家在太阳系中已经发现了上百颗卫星，他们相信卫星的数量实际上还有更多。大多数已知的卫星都围绕四颗大行星——木星、土星、天王星和海王星运行。这四颗行星恰好也是有光环的四颗行星，这绝非偶然，因为行星光环的存在与卫星的存在是有关联的。

卫星和光环的所有组成物质都起源于46亿年前太阳系诞生的时候。太阳诞生后余下的物质形成一个围绕太阳的圆盘，然后才渐渐形成卫星和光环。圆盘中的碎片最终聚集在一起（聚合）形成行星。一些行星诞生后剩余的物质碎片，以同样的方式形成围绕行星旋转的圆盘。这些物质也会聚合，并形成绕行星轨道运行的天体——卫星。距离行星特别近（在洛希极限以内。如果一颗卫星环绕一颗具有相同密度的行星运动时，与行星接近到2.456倍行星半径以内，则卫星将被引力撕碎。这就是洛希极限。）的碎片则不能形成卫星，因为行星的引力会持续不断地把它们分散开。于是它们就维持碎片状，形成了行星光环。

木星、土星、天王星和海王星的卫星都是以这种方式形成的，不过其他行星的卫星却可能有着不同的起源方式。有些天文学家认为地球的卫星——月球是年轻的地球被一块巨大的太空岩石撞击后形成的。太空岩石的碎片和在撞击过程中从地球上抛出的物质碎片，开始围绕地球旋转，并最终聚集起来形成了月球。火星的两个卫星火卫一和火卫二，可能是被火星引力俘获到火星轨道上的小行星。

卫星的大小和形状

太阳系中的卫星的大小相差很大。最大的卫星比冥王星还大，最小的卫星却是只有几千米大小的岩石块。直径超过300千米的卫星一般呈球形，而较小的卫星则趋向于呈现出不规则的马铃薯形状。

较大的卫星可以从地球上观察到，较小的卫星则是由拜访主要行星的空间探测器发现的。木星的四颗最大的卫星（木卫一、木卫二、木卫三和木卫四）被一致公认为伽利略卫星，它们是以意大利天文学家伽利略的名字命名的。伽利略在1610年通过一架望远镜发现了它们。不过，直到1979年“旅行者”1号太空探测器飞越木星时，它们才向人们展示了自己真正壮观的一面。木卫三是太阳系中最大的卫星，它是一个球形天体，体积比水星还要大。

表面特征

卫星的表面特征也千差万别。许多卫星显现出曾被太空岩石轰击过的疤痕，不过它们现在的表面物质可能已经与撞击时的大不相同了。例如月球有一个布满了陨石坑的、干燥的岩石表面。

你知道吗？

卫星探测器

1989年升空的“伽利略”号太空探测器，为科学家们传回了关于木星的大量宝贵资料，并在圆满完成探索使命后，于2003年在木星的大气层中成功坠毁。1997年，“卡西尼—惠更斯”号太空探测器开始了它们的土星之旅，并于2004年顺利进入环绕土星的轨道。随后子探测器“惠更斯”号与“卡西尼”号分离，飞往土星的卫星——土卫六，穿过大气层在土卫六表面安全着陆。2007年10月24日，中国自主研制并发射的首个月球探测器“嫦娥一号”发射升空，使中国成为世界上第五个发射月球探测器的国家。

▲ 这张合成图片向我们展现了天王星（中央蓝色的星体）被它的五颗最大的卫星环绕着的景象。从左下角开始沿顺时针方向依次是：天卫一、天卫二、天卫四、天卫三和天卫五。后来，人们又陆续发现了十几颗更小的卫星。

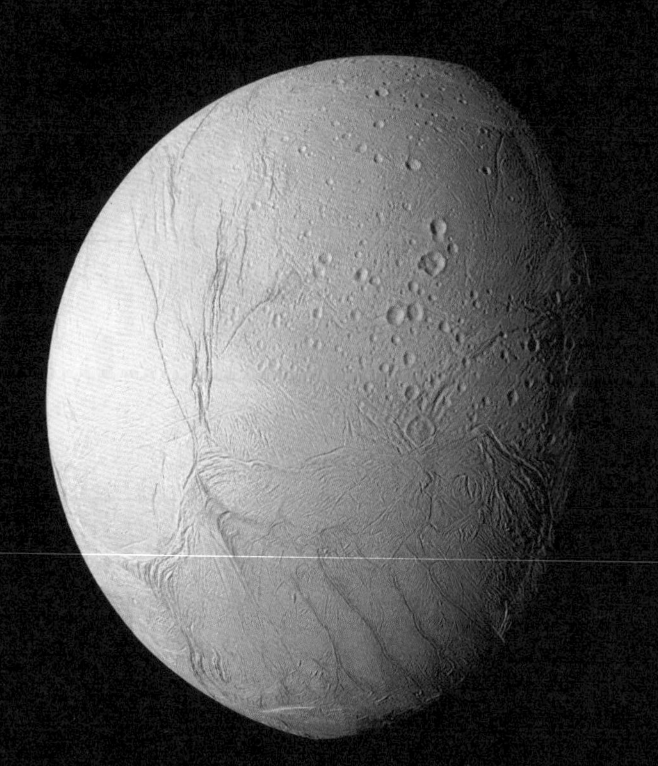

▶ 土卫二是由英国天文学家威廉·赫歇尔在1789年发现的。这是“卡西尼”号太空飞船于2005年7月14日飞过土卫二南极时获得的高分辨率图像。从远处看，土卫二显示出奇异混杂的图像，布满形状圆润的陨石坑、合成物和断裂的地形。一些天文学家认为，图中的蓝色条纹显示了土卫二表面纹理粗糙的冻结物的突起。

▼ 这张海卫一的图片事实上是由“旅行者2号”探测器拍摄的照片拼接起来的。整个卫星覆盖在冰层之下，不过它的南极冰帽上也覆盖着一层粉红色的氮冰。

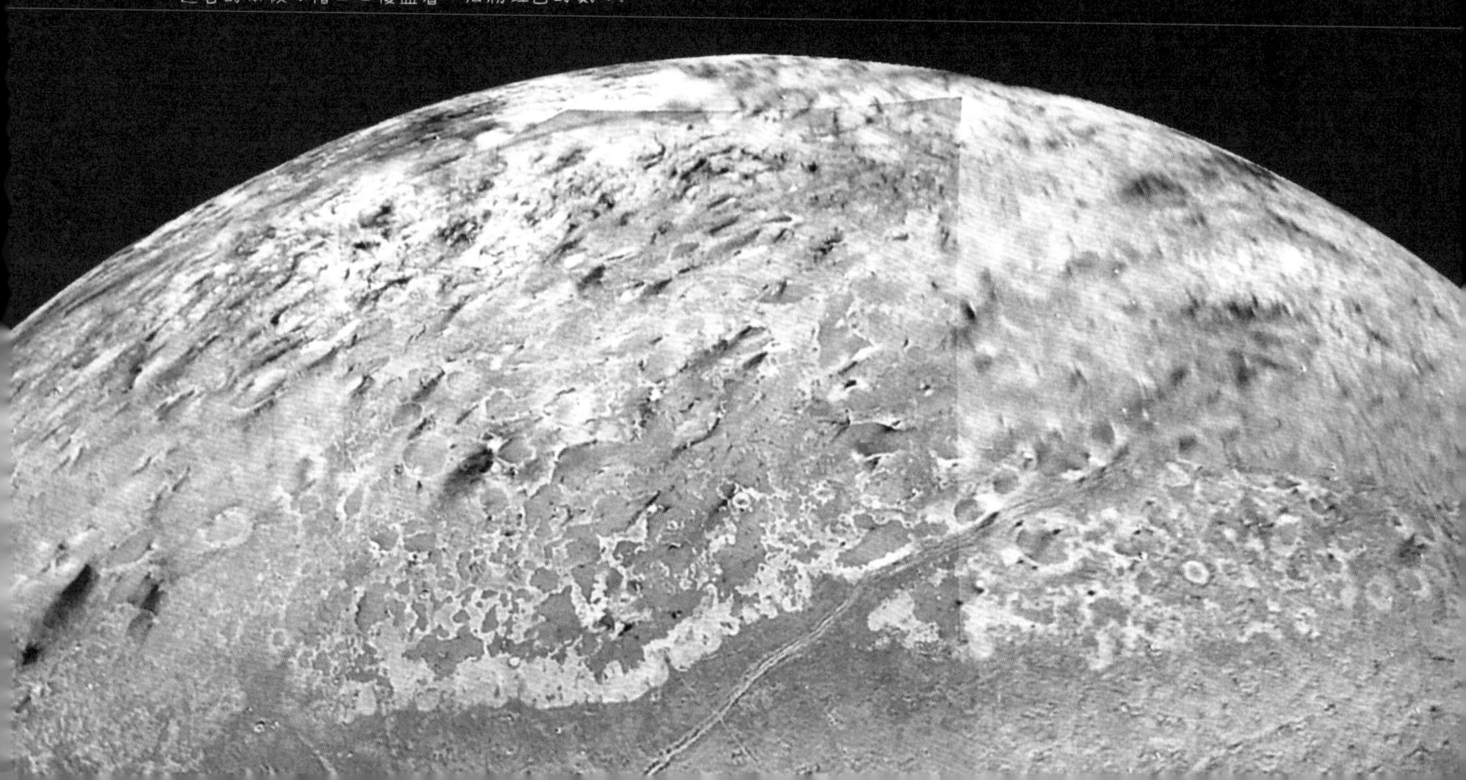

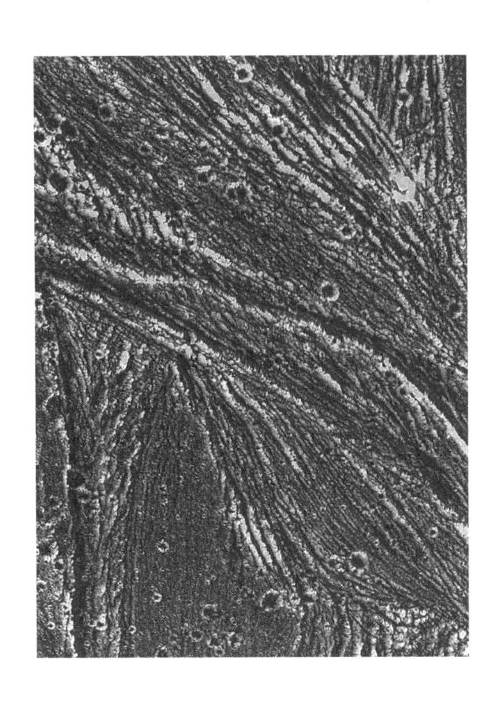

▲ 这是木星最大的卫星——木卫三的特写图片，它是由“伽利略”号太空探测器在1996年6月27日拍摄的，它向我们展示了卫星表面的山脊和深深的沟槽，比我们以往看到的都要细致详尽得多。

更多相距较远的卫星，像天王星的四颗最大的卫星（天卫一、天卫二、天卫三和天卫四），有着布满了陨石坑的冰面和岩石表面。土星的卫星——土卫一上，有一个名叫“赫歇耳”的巨大的陨石坑，面积占这颗小卫星表面积的三分之一。在天王星的卫星——天卫五上，多坑的平原上点缀着峭壁和深谷。这说明天卫五过去曾遭受过剧烈的撞击，撞击后产生的碎片又重新聚集在一起，形成现在的样子。

一些卫星表面布满火山。当“旅行者”1号发现木卫一上的活火山时，天文学家们都惊呆了，这是第一座在地球之外发现的活火山。1989年，天文学家们又在海王星的卫星——海卫一上发现了活火山。这也很令人惊奇，因为海卫一是太阳系中最冷的地方，平均温度低至 -235℃。火山喷发产生的黑色尘埃喷柱已经成为这颗卫星表面的标志。

你知道吗？

光环调节员

有些卫星会在光环系统内绕行星旋转，并起着牧羊人的作用，使光环系统规规矩矩地运行。这显然是万有引力的影响。虽然卫星很小，但它们的引力足够影响到附近细小的光环颗粒，使这些颗粒保持特定的轨迹。土星F环上的颗粒就是由土卫十六和土卫十七两颗卫星负责“看管”的，而天王星外圈光环中的颗粒是由天卫六和天卫七“看管”的。

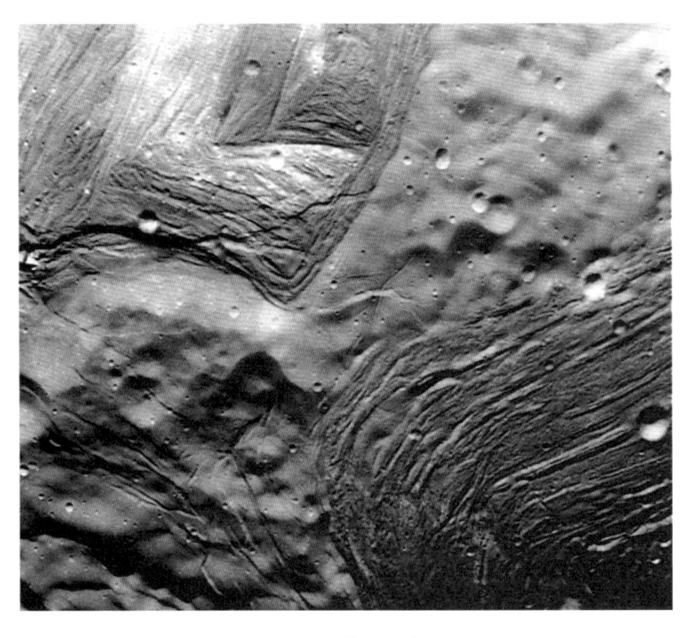

▲ 在天卫五上旅行，可能就像乘坐翻滚过山车一样。天卫五的表面特征变化极大，包括20千米高的冰崖、垂直的峡谷、陡峭的斜坡和多坑的平原。这张卫星表面图是“旅行者”2号在1986年1月拍摄的。

土星的角度变化

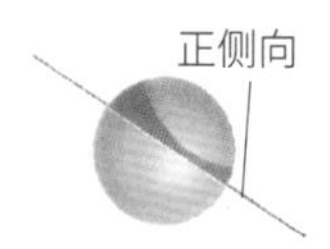

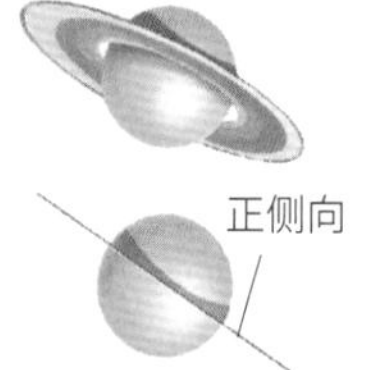

大开眼界

土星的“耳环”

1610 年，意大利天文学家伽利略成为第一个观察到土星光环的人。但是他没有意识到自己发现的是什么东西。他看到土星的两侧各有一个环状物，就推断这颗行星长了耳朵！两年后，伽利略更加吃惊了，因为他发现这两只耳朵又消失了！大约 50 年后，天文学家们才认识到那其实是土星的光环，更久以后，他们才弄明白为什么从地球上观察，光环的形态会发生变化。土星大约每隔 15 年就会有一次以正侧面对着地球，在我们看来，光环就像消失了一样。

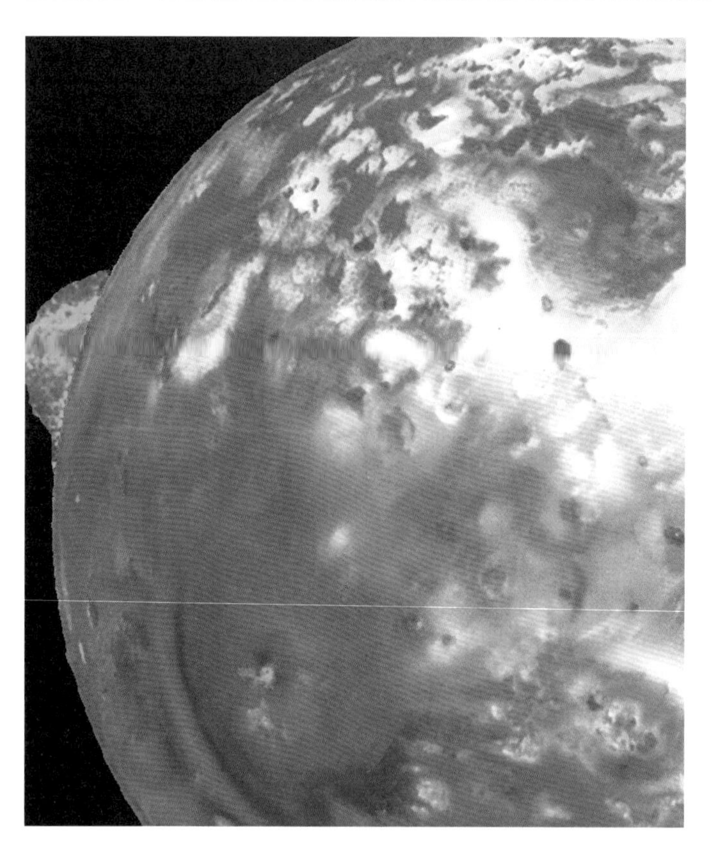

▲ 1979 年 3 月，洛基火山在木卫一覆盖着硫黄的表面上喷发了。从火山口喷出的气体和其他物质向上空升起大约 200 千米高。洛基火山是木卫一上最活跃的火山，它被一个硫黄熔岩湖环绕着。

大多数卫星上没有空气。太阳系中第二大的卫星——土卫六却是一个重要的例外。它是一个由岩石和冰雪组成的星球，不过它的表面却掩藏在厚厚的橙色烟雾之下，烟雾中有 90% 是氮气，其余的是甲烷。

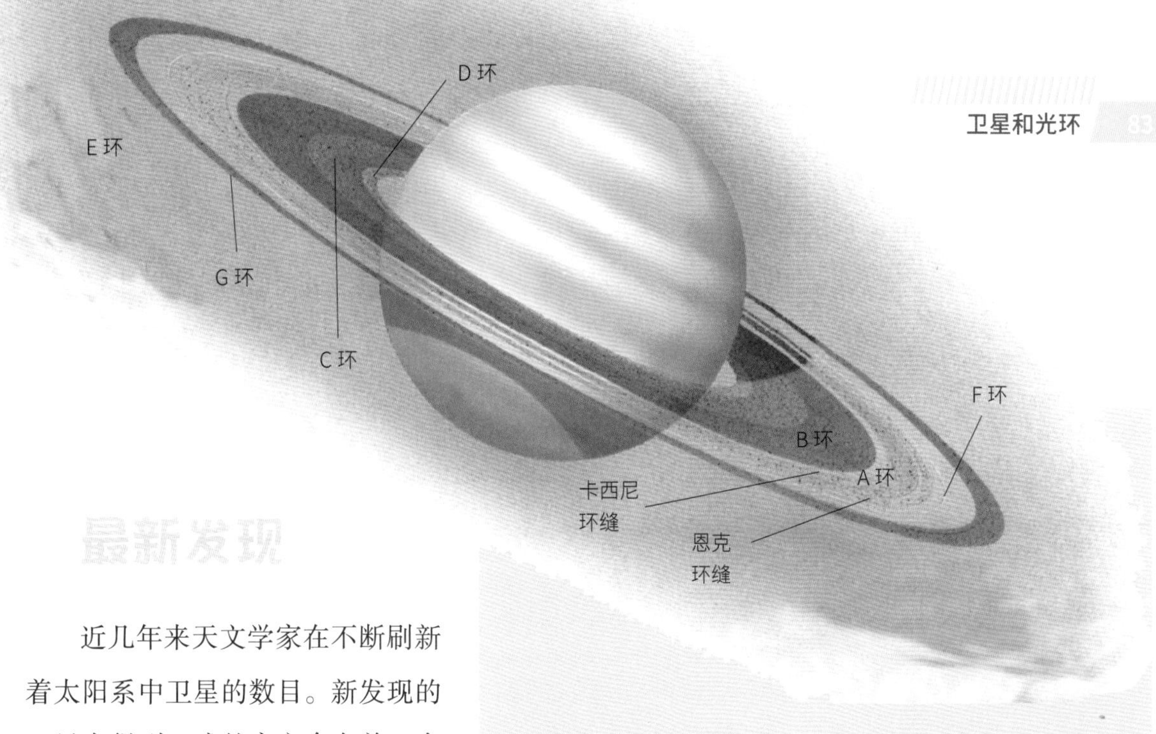

最新发现

近几年来天文学家在不断刷新着太阳系中卫星的数目。新发现的卫星在得到正式的官方命名前，会暂时使用一个简单的代号。例如天王星的第27颗卫星在2003年被发现时，天文学家将它暂时编号为S/2003U2。随着对现有的行星资料的进一步研究，以及持续不断地接收太空望远镜和太空探测器传来的最新数据，天文学家有望发现更多的卫星。

光环领导者

土星的光环在太阳系中最为壮观。暗淡的D环最接近土星，向外依次是较为明亮的C环、B环、A环和F环。最外层是极为黯淡的G环和E环。E环向太空中伸展出去很远，并且没有固定的边界。在像卡西尼环缝和恩克环缝这样明显的缝隙中，实际上也布满了许多小光环。

大行星有卫星环绕是很自然的事，但令人惊讶的是，太阳系中的小行星也有卫星。1978年6月7日，美国天文学家麦克·马洪在观测532号大力神小行星的掩星现象时，发现它有一颗卫星，命名为1978（532）I，这是天文学家第一次发现小行星的卫星。1993年，“伽利略”号太空探测器在前往木星的途中，掠过了火星和木星之间的小行星带。在此过程中令人欣喜地发现，在243号小行星艾达附近有一颗比它小得多的卫星。“伽利略”号发回了大量的成像数据和光谱资料，为小行星卫星的存在提供了确凿的证据。后来，天文学家们又陆续发现了其他小行星的卫星。

光环系统

我们的太阳系中共有四个光环系统，分别围绕着木星、土星、天王星和海王星。每个光环都是由几十亿个小块物质组成的，每个小块都在自己的轨道上环绕行星运行。1610年，人们最先发现了土星的光环。这个光环系统是面积最为辽阔的，在太空中伸展出几十万千米，不过它的厚度只有10千米左右。光环包含上百万个由冰覆盖着的岩石块。最小的石块只有谷粒大小，

◀ 海王星外圈的两个主环较为明亮，其中较大光环的半径长达 6.3 万千米，它叫亚当斯，是以 19 世纪一位计算出海王星位置的英国数学家的名字命名的。较小的光环半径为 5.3 万千米，被命名为勒威耶，这是一位做出相同计算的法国数学家。

大多分布在距离土星最远的位置。而距离土星最近的最大的石块，体积却有房子那么大。它们形成成千上万的小环，依次组成围绕土星的七层主环。

在发现土星光环 360 多年以后，人们又探测到了天王星的 11 层光环。它们在 1977 年首次从地球上被观测到，是由巨大的暗物质团块组成的，其成分还需要进一步确认。木星的“三环”系统是由“旅行者”1 号在 1979 年发现的，它是四个光环系统中最薄的，由细小的黑色尘埃颗粒组成。“旅行者”2 号在 1989 年确认了海王星有五层光环，和天王星的光环一样，它们由巨大的未知暗物质团块组成。

你知道吗？

天上的明星

迄今为止已知的天王星的 27 颗卫星中，有 25 颗卫星都是以英国戏剧家威廉 · 莎士比亚作品中的人物来命名的。例如天卫一“Ariel”是莎士比亚作品《暴风雨》中的一个精灵的名字，而天卫十一“Juliet”则是经典名作《罗密欧与朱丽叶》中的悲情女主角朱丽叶。

自我观察

捉迷藏

木星的四颗最大的卫星，即伽利略卫星，可以从地球上用肉眼看见。它们就像四个亮点，出现在环绕木星赤道的圆周轨道上。由于沿着轨道运行，它们的位置每晚都会发生变化。如果你一开始无法看见全部的四颗卫星，也不必着急，因为如果它们正好运行到木星星体的前面或后面，你当然就看不见它们了。等它们运行到侧面，自然又能看见了。

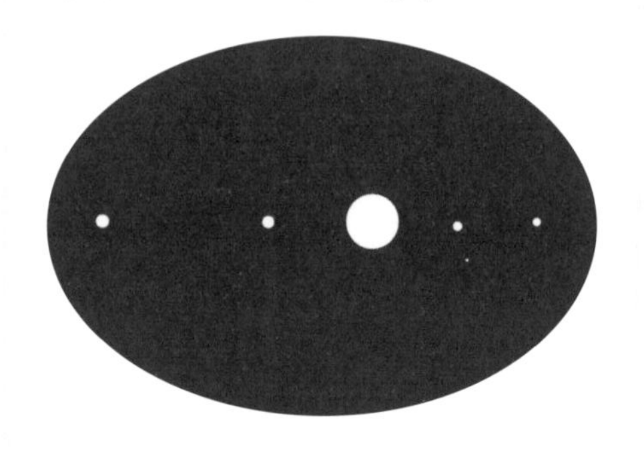

类星体

对天文学家来说，类星体是最年轻、运行速度最快、最明亮的星体。但它们到底像什么呢？从地球上看，它们像恒星，但实际上它们可能是一些年轻星系的内核。专家通过研究它们来了解宇宙的历史。

在20世纪50年代，天文学家开始搜寻天空，他们想找到强无线电波的发射源。他们曾经认为这些强无线电波来自一个巨大的星系。但是在1960年，天文学家艾伦·桑德奇发现它们来自一个小而强烈的“点”。这个“点”似乎是一颗微弱的恒星，它不断喷射出一系列物质，天文学家称它为“类星电波源”，或者简称为类星体。它被收录进了《剑桥射电源第三星表》中，也称“3C”。由于它是星表中的第48颗星体，所以，这颗类星体的编号是3C48。第二颗类星体3C273是在1963年被发现的。从那以后，天文学家们已经发现了数千颗类星体。

类星体的亮度

当物体远离我们时，它们发出的光会被拉伸，从而使物体呈现红色。物体的运动速度越快，它们发出的光就会被拉伸得越长，物体看起来也就更红。当天文学家马丁·施密特研究从3C273

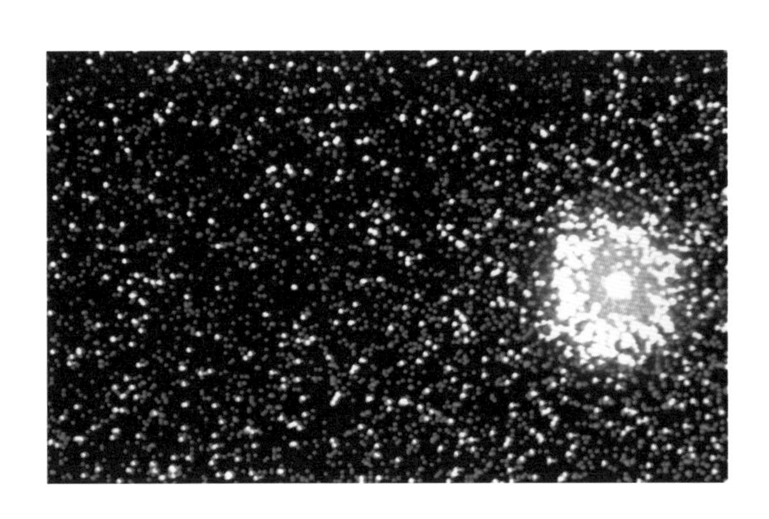

这是通过在轨道上运行的爱因斯坦太空望远镜拍摄到的X射线图像。图片右边大团光亮的物质就是3C273类星体，它以5000千米/秒的速度远离地球。其他的白色小圆点是整个太空发射出来的正常的X射线。

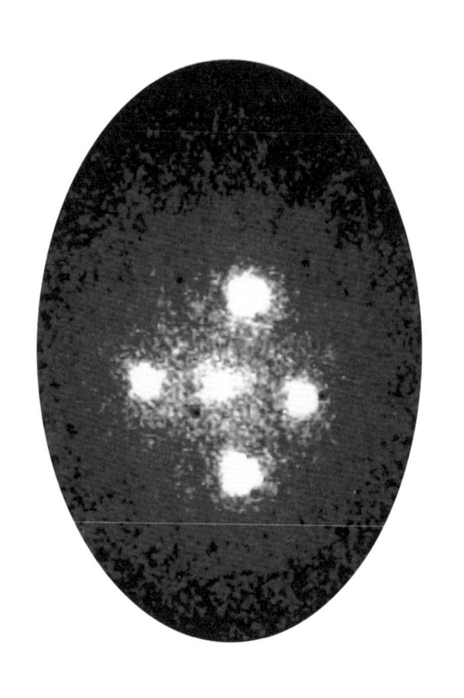

大开眼界

巨大的能量

3C273 类星体距离地球 31 亿光年。它发射出来的能量是太阳能量的 1 万亿倍，这真是令人惊异。这相当于宇宙中最亮的星系发射出来的能量的 40 倍。

◀ 这张图片——爱因斯坦十字，看起来就像是四颗类星体围绕着一个星系，但实际图中只有一颗类星体，因为星系使来自类星体的光的路径发生了偏移，从而在太空中投射出了四个影像。

号类星体发出的光时，他发现这颗星体非常红，因此知道这颗类星体的运行速度极快。一个物体距离我们越远，运行的速度就会越快，因此施密特推断 3C273 距离我们有好几百万光年。

根据施密特的工作，观察类星体的红光，从它们的位置推断其速度和距离，成为识别这些太空星体的新方法。虽然第一颗类星体是因为它发射出来的无线电波被发现的，但是在所有已知的类星体中，大约只有 10% 能发出这种可探测的电波。

星系的形成

对类星体的进一步研究使专家们相信，它们是星系的内核。天文学家们正在观察它们形成的过程。由于类星体距离我们很遥远，它们的光大概需要 120 亿光年才能到达地球，因此科学家们将它们的存在追溯到了宇宙诞生后的 30 亿年。类星体周围的银盘发射出来的光很

你知道吗？

有争议的理论

大多数天文学家都相信，类星体的红光是由于它的远距离和高速度造成的。但是也有一些天文学家认为，红光是由星体强大的引力场造成的。如果这种说法是正确的，那么类星体比人们预想的更靠近地球，而且其亮度也要比人们预想的低得多。

▲ 在南美洲智利腊希拉天文台，有两台口径 3.6 米的望远镜，这是其中一台。天文学家用它探测到了许多类星体。

少，因此它们显得很黯淡。

专家们估计，如果要看见它们，类星体发射出来的光，必须是银河系所有恒星发射出来的光的1000倍。在固定的间隔时间内，测定类星体发射出来的光的亮度变化，可以计算出类星体的大小。天文学家们还发现，所有类星体的能量发射区在几个光时到一个光年之间，因此推断类星体肯定很小，但密度非常大。

不同的图像

有一些天文学家相信类星体、射电星系（能发射出强无线电波的星系）和耀变体（像类星体一样的星体，发出的光会剧烈变化）实际上都是同一类星体，由于观测者的视角不同，所以显示出了不同的特征。

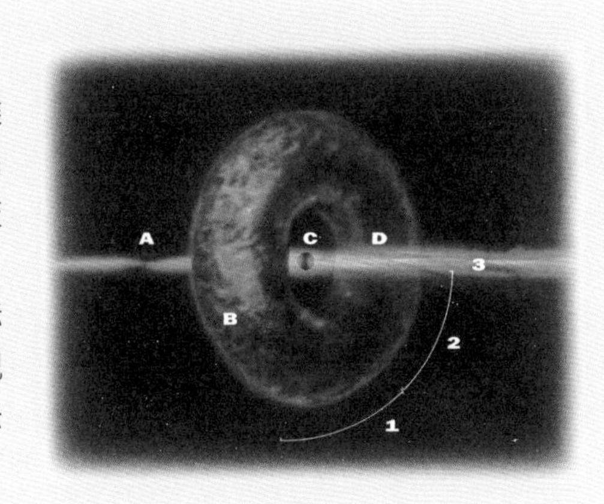

1. 观察者看到的是射电星系
2. 观察者看到的是类星体
3. 观察者看到的是耀变体

A 大量物质远离地球
B 尘埃环
C 黑洞
D 大量物质奔向地球

▼ 腊希拉天文台位于智利的阿塔卡马沙漠中，这里天空清澈，是天文学家们观察太空的最佳位置。在最远处左边的圆顶建筑中，放着一台天文望远镜。

暴烈的中心

天文学家们认为，类星体的能量是由星体中心一个超大的黑洞产生的。每个黑洞的质量都是太阳质量的 1 亿倍。每年，它都要从那些经过它的星体那里，吸收相当于太阳质量的物质。这些新的物质被吸入黑洞周围的碟形吸积体中，然后呈螺旋形向下进入黑洞。在这个过程中，会释放出巨大的能量。由于碟形吸积体内部边缘的物质几乎以光的速度运行，所以非常炽热。类星体周围的磁场可能也促使它将大量物质抛入太空中。这些物质都是可见的，但是也可以通过它们发射出来的无线电波被探测到。在同步辐射中，电子在物质中的路径因磁场而弯曲，从而产生电波。在这个过程中，还会产生紫外线和 X 射线。

不明飞行物

外星人和不明飞行物是隐藏在宇宙里的"居民"。但是，他们真的存在吗？还是21世纪我们对未知的迷惑，造就了一种新的太空时代的信仰？

据很多不明飞行物研究者说，不明飞行物（UFO）是外星人的飞船。它们特技式的空中动作曾被拍摄下来，也在雷达屏幕上留下过踪迹，还曾被拍成录像带。而另一方面，怀疑论者否定了"外星人"的说法，他们说UFO是确定的物体，只不过没能弄清楚罢了，它们可能是鸟、罕见的大气状况，或者高度机密的军用飞机，像洛克希德公司的F-117A秘密轰炸机或是无人驾驶的Tier 111间谍飞机，绰号叫"黑星"，因为它未来主义的外形，常常被误认为是外星飞船。但是，怀疑论者不能解释可靠的专业人员，像飞行员、警官、宇航员这样的目击者的证词。

▲ 艺术家和电影制作人员可以利用当今的图像特技效果创造出他们想象中的逼真的"外星人的飞碟"。

权威调查

曾经有7万多人报告目击过UFO，这些目击事件中的很多人都受到军事、民航、警察当局或UFO研究家的调查。大概有95%被调查的UFO其实是可识别的物体或现象，比如飞机、气象气球、云彩、流星、电光、彗星，甚至是行星，而剩下的5%，经过周密调查之后也没法做出解释。

飞碟骚动

第二次世界大战期间，当全世界的空军飞行员都报告说他们曾被快得难以置信的敏捷的飞行

▲ 这些奇怪的亮光是飞碟发出的吗？像有些人声称的那样，还是它们只是镜头的闪光或反射的亮光？专家相信这些照片是真的，但只有拍这些照片的海岸警卫队才知道真相。

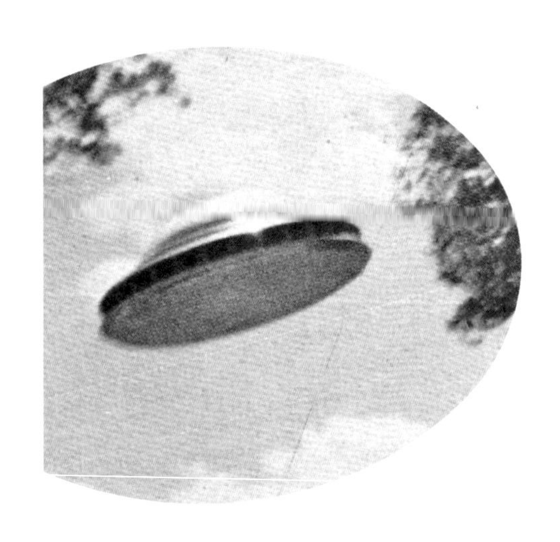

▲ 这张很清晰的 UFO 照片是保罗·维拉 1963 年 6 月在美国的新墨西哥州拍下来的。差不多就在同时，设在该州的绝密基地正在研发碟形飞行器。这是那些飞行器里的一个？还是一个真正的 UFO？

器追踪时，引起了全球对 UFO 的兴趣。最开始，它们被认为是敌军的飞机，但是它们和平的姿态和受到攻击时巧妙的空中逃避动作，很快就否定了这些想法。这些奇怪的飞行物被命名为“Foo-foo 战斗机”或者“幽浮”。

二战后，媒体对 UFO 的兴趣一直相当低调，直到 1947 年 6 月 24 日，当时肯尼斯·阿诺德看见一队飞行物飘移过美国华盛顿喀斯喀特山脉的上空。他形容它们的移动就像“一只盘子掠过水面”。第二天，当地的报纸就造了“飞碟”这个短语，媒体也开始为 UFO 发狂。

1950 年 5 月 15 日，美国俄勒冈的两名农夫看见并设法拍下了正飞过头顶的一个巨大的盘状物。这是经过严格调查的首批飞碟目击事件之一。证人受到询问，专家们对照片进行了分析，之后，著名的康登委员会（专门负责调查飞碟事件的组织）也得出结论，认为这个金属物体确实是 UFO。在其他国家也报道过相似的目击事件，1977 年 9 月 20 日，包括边防警卫和警察在内的 170 个证人，看见一个巨大的发着炽热白光的物体飘过俄罗斯佩特罗扎沃兹镇上空。这个 UFO 在小镇上空盘旋时，从上面射下相互交错的彩色光束，全地区的电话和无线电通讯网都停止了工作。几小时后，UFO 像来时一样神秘地离开了，通讯网又恢复了运行。

1978 年 12 月 31 日，在澳大利亚和新西兰的上空，一些不寻常的物体又引起了另一场飞碟骚动。这次这些 UFO 被空中电视工作人员在雷达上捕获，还拍了下来，光学、生物物理学、雷达、光生理学和天文学方面的专家们对影像的分析表明，这些奇怪的物体做着漂浮不定的 8 字形飞行，时速约 3000 千米。科学家没法解释这种现象，它们被正式归类为“UFO”。

罗斯韦尔事件

20 世纪 40 年代末，在美国新墨西哥州罗斯韦尔镇附近的农场上，发现了撒落一地的不寻常的金属碎片，直到这时，人们才把外星人和飞碟联系了起来。首批到达现场的军事调查员们报告说：发现了一个撞碎的飞碟。这些碎片被全副武装的警卫装进一架专机运走了，很快，军界就宣布说，那些收回的碎片其实是高空气象气球的残留物。

从那时到现在，这次事件一直笼罩在神秘之中。有传言说和撞毁的飞碟一起被发现的还有死了的与活着的外星人。伪造的文件、照片和录像带被泄露给了媒体。几名退伍军人和政府科学家声称撞毁的飞碟在罗斯韦尔事件发生前后被军方收回。一位名叫罗伯特·拉扎尔的科学家更离谱，他说："现在在美国内华达的 51 区军事基地附近，还在高度保密之下研究用于军事行动的飞碟呢。"

亲密接触

报纸上遭遇外星人的首批目击报道之一，发生在 1947 年 1 月 23 日。当时，很多在巴西皮坦加附近工作的测量员看见一个碟状飞行物在他们附近着陆，除了约瑟·希金斯，所有人都跑掉了。他站在原地没动，看到 3 个穿着透明衣服、背着方形金属背包的生物离开飞船，他们大

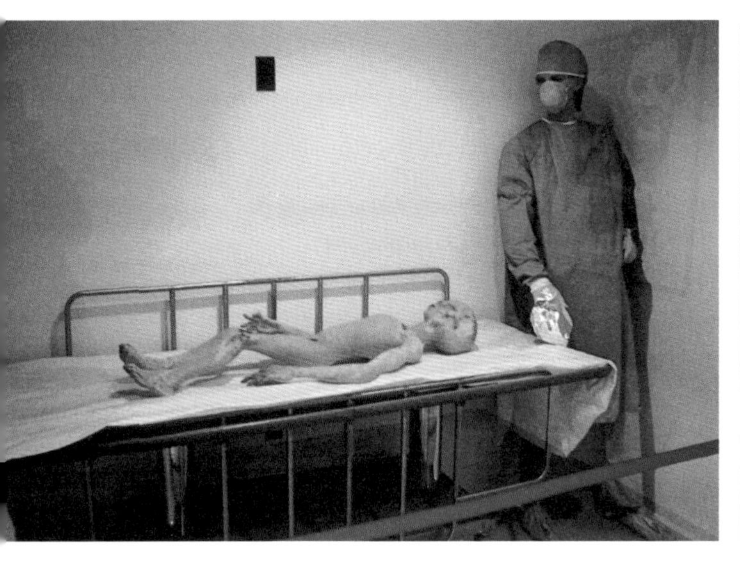

▲ 在美国新墨西哥州的罗斯韦尔镇，外星人和 UFO 是一项庞大的事业。UFO 博物馆陈列着像这个"外星人尸体解剖"之类的模型，电影院放映着 UFO 的录影带，附近的"UFO 城"还能组织 UFO 旅游。

▲ UFO 的活动似乎经常几周或几月地集中在一个地区。1978 年，在西班牙的巴塞罗那上空，经常能看见这样的夜光，当时那个地区的 UFO 目击人数猛增。

概有 2 米高，长着大脑袋和巨大的圆眼睛。希金斯看着他们，这些生物好像是要用岩石摆出一个太阳系的模型来，然后他们指了指代表天王星的岩石，就又进了飞船飞走了。

20 世纪五六十年代，很多人声称他们被外星人绑架过。报道的大部分绑架都发生在后半夜安静的乡村小路上。被绑架者被带到 UFO 上，经过一系列检查，又被送回汽车。但是，很难找到物理证据来支持他们的说法，很多被绑架者遭到了舆论的嘲笑，或者被指责为旧调重弹和追逐财富。

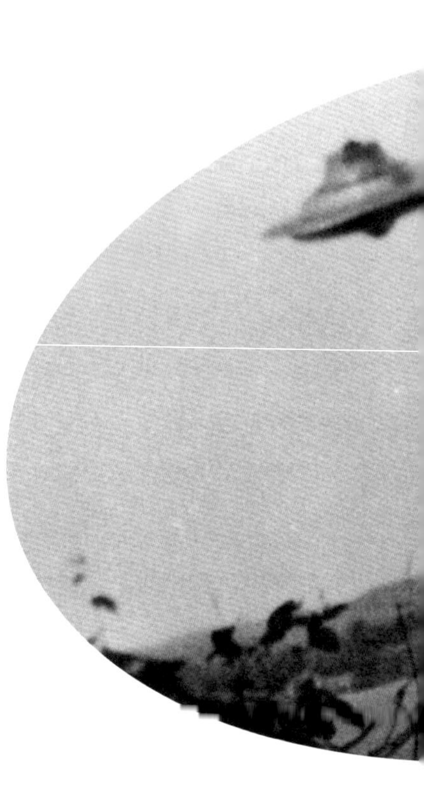

只有很少的遭遇外星人事件被严肃看待，但为这些事件提供的证据也常常是非决定性的。比如乔 · 西蒙顿先生，他声称给了一个碟形 UFO 上的人一些水，作为回报他们给了他一些薄煎饼。当地警官相信他说的经历是真的，但美国食品与药品实验室对这些薄煎饼做了检测，发现它们只是用普通的配料做的。那么，是西蒙顿所称的 UFO 来自地球？还是他被一群恶作剧的人骗了？

近些年，外星人绑架事件好像大多发生在卧室里。一些心理学家和精神病学家认为这些故事是鲜明的梦境或者睡眠性麻痹的结果。布里斯托尔的西英格兰大学的布莱克默博士就发现，睡眠性麻痹是种很普遍的

大开眼界

外星吸血鬼

农民和动物福利监督员被遍布全世界的呈上升数量的动物肢体残缺案所困扰。从斯堪的那维亚到澳大利亚，被发现的很多动物——有家养的，也有野生的，身体全受到令人毛骨悚然的破坏。它们的血都流干了，还有很多动物的内脏被摘除，手法很有医学精确度。警察在搜查神秘的肢体破坏者时，得到的唯一线索就是天空中经常有发着炽热白光的奇怪物体出现。

地球反照

1981 年到 1985 年，在挪威的赫斯达伦峡谷上空会有规律地看到一些奇怪的光，这类报告极其频繁，几乎可以向 UFO 研究家担保这是飞碟目击事件，但一些地理学家怀疑那些光可能是种自然现象，叫作“地球反照”。

▼ 大多数UFO的目击事件发生在黑暗中，尤其是晚上10：30到凌晨3：00之间。这只飞碟是哈罗德·特朗德尔黄昏时在美国的罗得岛的东温索克特发现的。

▲ 南美洲秘鲁的纳斯卡巨画（Nazca Lines），被认为是阿芝台克人的神——维拉科察的着陆台。考古学家认为，这些在地面上看不见的线条是为了引导这位神和他的飞船安全回到他的人民之中而设计的航空路标。

▲ 非洲马里的多贡部落相信，他们是被来自天狼星B座的水陆两栖的外星人开化的。研究这个部落的科学家，对他们先进的宗教和不寻常的天文学知识，尤其是天狼星部分的行星和星群的知识深感惊讶。

▲ 美国内华达州的布鲁斯·梅声称他被外星人绑架了，并在外星人的太空船里被实施了手术。图片中，他在展示其肩部被植入了物体的X光片。

经历，30% 的人都有过。做梦的人会听到些奇怪的声音，看见闪光或者星星，感到震动或震颤。一些人感到他们似乎被人在床上翻了个个儿。不过，这些理论没法解释团体绑架事件，像 1993 年 8 月 8 日发生的这件事，当时有 6 个人在澳大利亚的欧梅梅林克里克附近被长得又高、又黑、身材瘦长的外星人绑架了。几个当事人被劫持时正分别乘坐 3 辆汽车旅行，但他们对事件的描述却惊人地相似。进行调查时，在报告里说外星人的 UFO 着陆的地方，发现了 3 个有异乎寻常的高磁性的结实的凹痕。在 3 名女性被劫持者的腹部也发现了奇怪的三角印记。

天体

看见天空里的奇怪物体和不寻常的生物并不是现代才有的现象。贯穿整个历史，都有人类看见 UFO 和奇怪的外星生物的报告。《圣经》的作者就谈到过一种叫“智天使”的太空生物，这个词在古希伯来语里的意思是“充满智慧”。非洲多贡部落的人相信，他们的文明是被一种水陆两栖的外星人开化的，这种外星人还给他们传授了宗教。而南美的阿芝台克人则相信他们的神——维拉科察有一天会乘着飞船回到他们中间。为了让这位神能从空中找到他们，他们甚至在沙漠里雕刻了巨大的标志性形象。

今天，人们已经知道了“天空”其实是“宇宙”，天文学家、宇航员、宇宙学家和所有的科学家都按科学的方法研究着它。很多年以前，科学家们认为在宇宙的其他地方产生生命几乎是

▲ 20 世纪 80 年代初，麦田里的怪圈开始出现在整个南不列颠，其中有很多无疑是人工伪造的，但也有些更精细的图案包含着显著的高水平电磁辐射，有些人说那意味着它们来自外星。

不可能的。但是今天，他们却没这么肯定了。

1996年，美国的天文学家发现了一颗50光年以外的能支持生命的行星，有70颗卫星绕着它运行。人们也一直在外层空间里追踪着复杂的有机分子，美国宇航局的科学家们在一块被认为是来自火星的岩石样品中发现了变成化石的细菌。发往火星的探测飞船，还有美国国家航空和宇宙航空局正进行的一项叫作“起源”的雄心勃勃的研究计划，也许在不久的将来就能揭示出是否真有UFO和地球以外的外星人存在。

生活在太空

在距离地面数百千米的太空，宇航员们正乘坐航天飞机按预定的轨道绕地球飞行。他们的主要任务是工作。当然，他们也会进行所有的日常活动，如吃饭、喝水、上厕所、休息、睡觉等。

宇航员们乘坐航天飞机或者运载火箭进入太空。航天飞机是宇航员在太空“旅行”时的飞行器、住所和工作间。此外，它也能搭载宇航员往返国际空间站。在国际空间站中，宇航员通常要生活和工作数天、数周，乃至数月。如今，一些航天大国正在积极研发新一代的航天飞机。

美国宇航员要在美国国家航空航天局（NASA）接受专门培训。有时，来自欧洲、加拿大，以及日本航天局的宇航员也会与美国宇航员一同飞行。而大多数国家（如英国、法国、奥地利、波兰、印度、古巴、日本等）的宇航员都曾搭载过俄罗斯飞船。第一个进入太空的中国宇航员是杨利伟，他于 2003 年 10 月 15 日乘坐中国第一艘载人飞船“神舟”5 号进入太空。

在航天飞机和国际空间站中，工作语言为英语；在“联盟”号运载火箭和原来的“和平”号空间站中，工作语言为俄语。因此，一些宇航员在进行专业培训的同时，不得不学习一门新语言。

▲ 2003 年 10 月 16 日，中国首位航天员杨利伟随“神舟”5 号返回舱平稳着陆，这意味着中国成了继俄罗斯和美国之后第 3 个将航天员送上太空的航天大国。

起床

宇航员每天的工作时间比较长，有时能达到 16 ~ 18 小时。这意味着，当一些宇航员吃完晚餐，准备睡觉的时候，另一些宇航员已经开始了新一天的工作。

宇航员的一天从梳洗穿戴开始。在太空中，许多事情都变得与在地面上不一样。比如，倒出来的液体会形成球形水滴，漂浮在太空舱里。因此，宇航员通常用湿布擦脸、擦澡。早在30多年以前，美国人就进行过太空淋浴试验。但实践证明，太空淋浴非常费时，效果也不明显。宇航员刷完牙后不能漱口，而是把牙膏沫咽进肚子里或是吐到布上。为了方便，他们也会用湿布擦拭牙齿，或是咀嚼特制的口香糖。

在宇宙飞船里，厕所是唯一的私人空间。为防止尿液四处飘散，宇航员必须通过小便漏斗把小便排到一根长长的软管里。收纳固体排泄物的马桶与商用飞机上的类似，马桶里的污物通过气流被抽进大便收集器中。对宇航员来说，最重要的是在如厕之前把自己固定在马桶上。

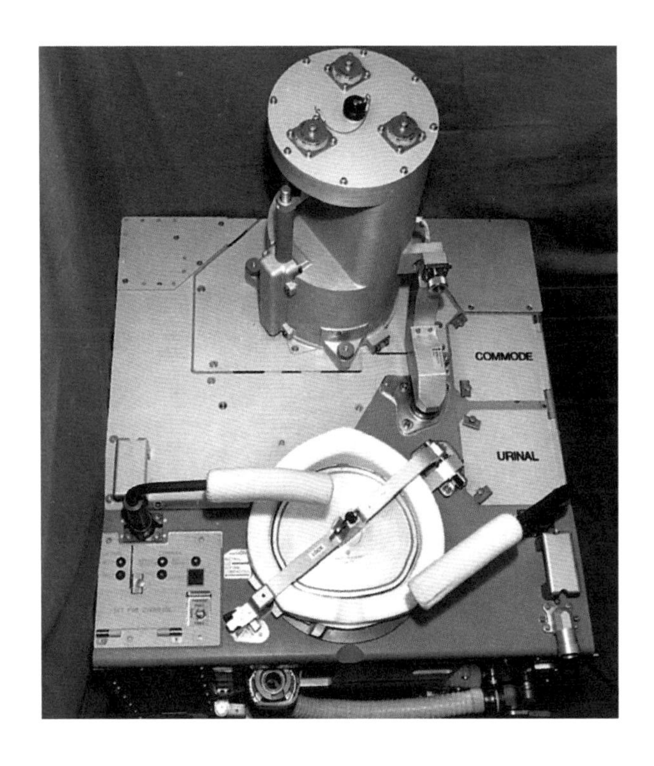

▲ 图为改进后的污物收集系统，即厕所，它由美国国家航空航天局（NASA）设计，被应用在“奋进”号航天飞机上。有时（比如舱外作业），宇航员也会使用一种特制的尿布。

太空食物

在执行飞行任务很久之前，航天专家们就已经着手制定太空食谱。所以，宇航员在太空中完全可以吃到自己喜爱的食物。但是，为了保持体能和健康，他们的饮食必须营养均衡，并确保每天大约摄取2800卡路里（热量）。食物只能按最少量准备，有些需要被事先压缩，而面包、饼干、坚果等食物可以以自然的形态被带入太空。在太空旅行之初，宇航员也可以吃到新鲜水果。在某些特殊场合（如过生日），他们还能吃到美味的蛋糕。有些食物在食用前需要加水软

◀ 宇航员需要借助专业计算机进行太空实验。图中这名宇航员所使用的计算机能够显示太空中紫外线的强度等级。

太空食物

两名早期的俄罗斯宇航员正在向人们展示管状太空食物（如图）。如今，太空食物的品种越来越丰富。然而，即便拥有最好的太空食谱，宇航员在吃完太空食物之后通常仍会感到不适，而且这种不适会一直持续到身体完全适应太空失重环境为止。为了防止食物在飞船里四处飘移，宇航员必须使用特殊装置将它们固定住。

化，如玉米片、炒蛋、鸡肉、米饭等。有些食物在食用前需要加热，如肉丸、巧克力布丁等。食物被分别装在贮藏盒、贮藏袋或者软管里。为了防止食物因失重飘走，宇航员必须把它们固定在餐盘内，之后，再把餐盘固定在自己的大腿上。用餐时，可以使用叉子、勺、筷子或者手指，以便将食物安全地送到嘴里。如果想从容器里喝到饮料，则需要使用可以反复密封的饮料管。

当宇航员清理食物残渣或是打扫舱内卫生时，可以使用抹布和迷你真空吸尘器。每位宇航员都有自己的日常清洁任务。

大开眼界

太空中的时间

在地球上，人们可以通过周围的事物来判断时间。更确切地说，人们是通过观察太阳在天空中的位置来确定时间的。当太阳缓缓升起，鸟儿开始歌唱，周围的一切都变得温暖、明亮、热闹起来的时候，新的一天便开始了。但是，在太空中，宇航员却没有这些“线索”可以依循。他们每 90 分钟就能环绕地球一周，一天之中可以看到 16 次日出（如图）。因此，宇航员只能通过手表来判断太空中的白天和黑夜。

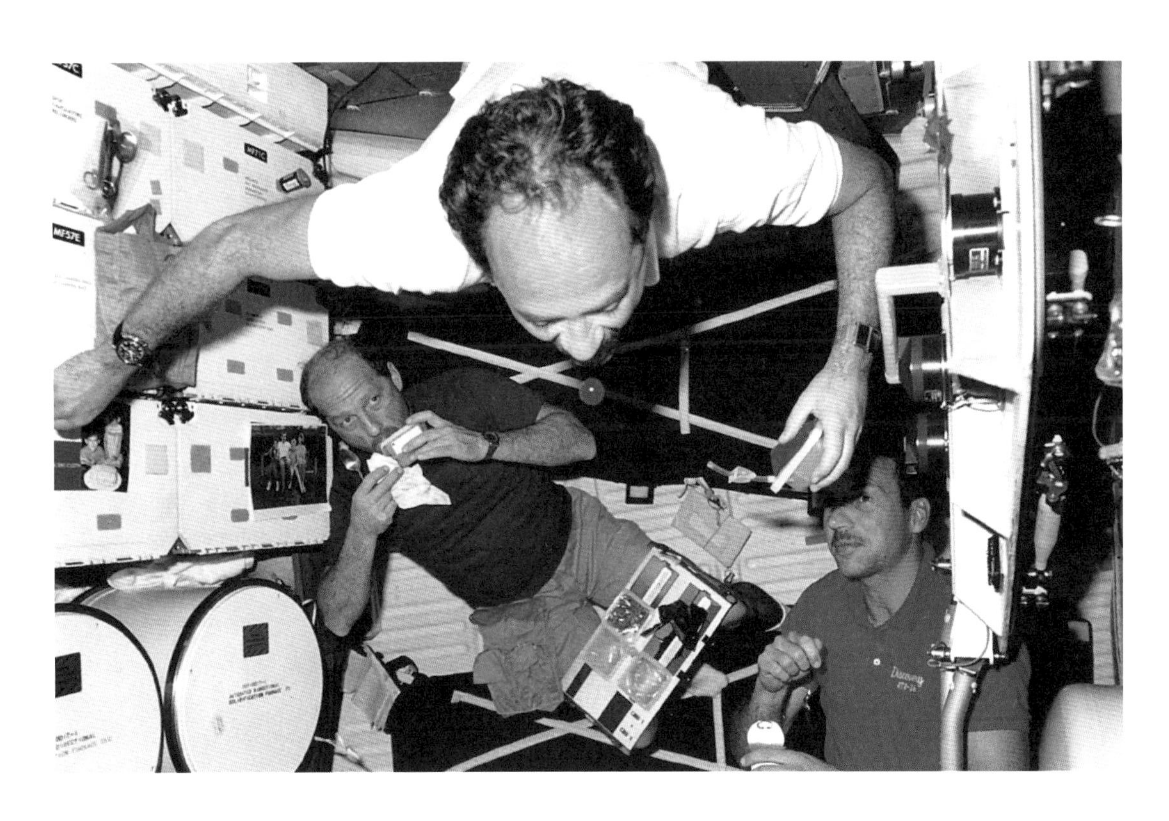

▲ 在太空中喝东西是件不太容易的事情——倒出来的液体呈球状，并在舱内四处漂浮。图为“发现”号航天飞机上的一名宇航员正在展示这一情形。

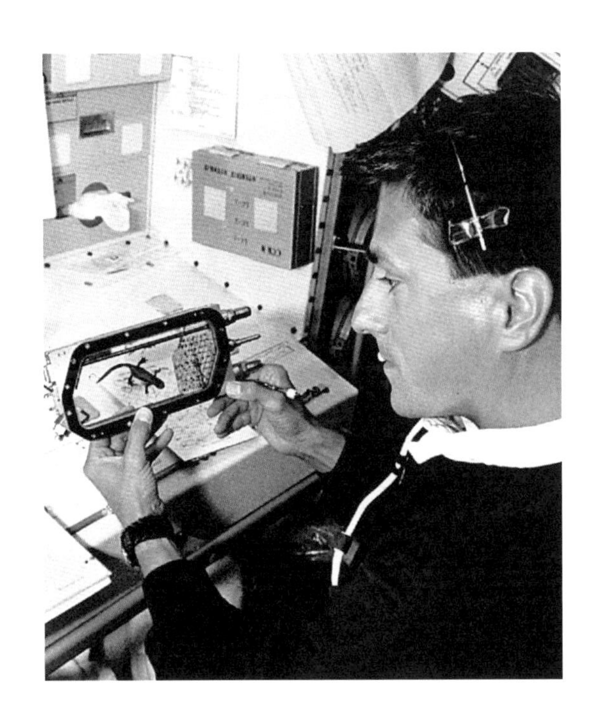

▲ 这名美国“哥伦比亚”号航天飞机上的宇航员，正在利用一只日本红腹蝾螈来研究太空失重环境对生物的影响。

工作

每天，宇航员都要花费大量的时间进行舱内作业或者舱外作业。在飞船里，他们为宇航局、科研机构或者商业组织进行各种科学实验。其中，许多实验都与研究太空环境如何影响生物有关，实验对象包括植物、昆虫、小动物，当然还有人类本身。出于这个原因，宇航员通常会利用科学仪器把自己的心率、血压、呼吸等生理数据记录下来。执行这类任务时，他们不需要穿上专用工作服，穿休闲服即可，如运动裤、短裤、T恤等。在飞船外面，宇航员也会进行一些科学实验，或者投放、维修人造卫星。这时，他们必须穿上舱外

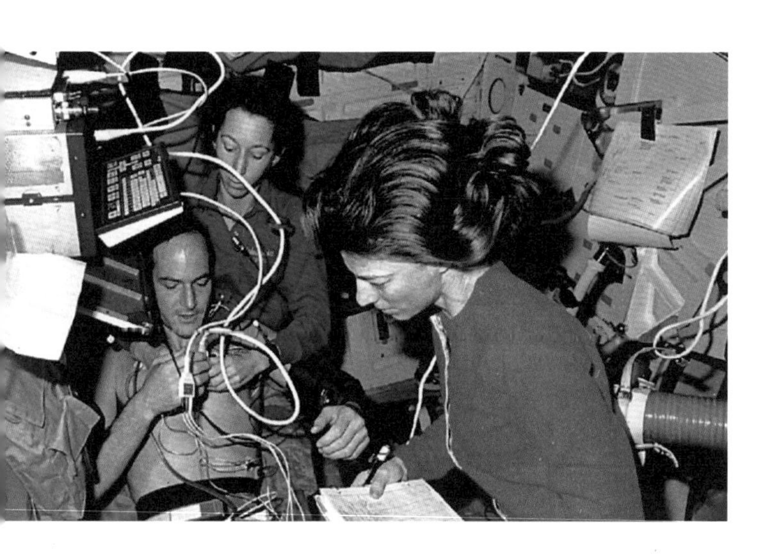

▲ 一些美国宇航员正在研究重力对人类的影响。专家首先在图中这名男子的腿部四周制造出人造重力，然后对血液和其他液体在其体内的流动情况进行监测。

宇航服，因为只有这样才能在危险的外太空中进行行走，以及保护生命安全。

锻炼和休息

宇航员每天需要进行大约 2 个小时的身体锻炼，这是因为太空失重环境会对他们的身体健康产生负面影响，比如，肌肉因为缺乏使用而变得无力，骨骼因为矿物质的流失而变得脆弱。日常身体锻炼将有助于减少太空失重环境给身体带来的伤害。因此，即便是在太空中待了好几个月的宇航员在返回地面以后，也能很快适应地球的重力环境。

你知道吗？

太空行走

1992 年，“奋进”号航天飞机上的宇航员将国际通信卫星组织的 6 号卫星送入预定轨道。宇航员会在飞船外面执行很多太空任务。因此，为了确保生命安全，他们必须穿上舱外宇航服，以获取氧气。在这种宇航服上还装有动力系统，能让宇航员在太空中自由行走。但是，宇航员在进行舱外作业之前，必须练习呼吸一种富含氧气的混合气体。

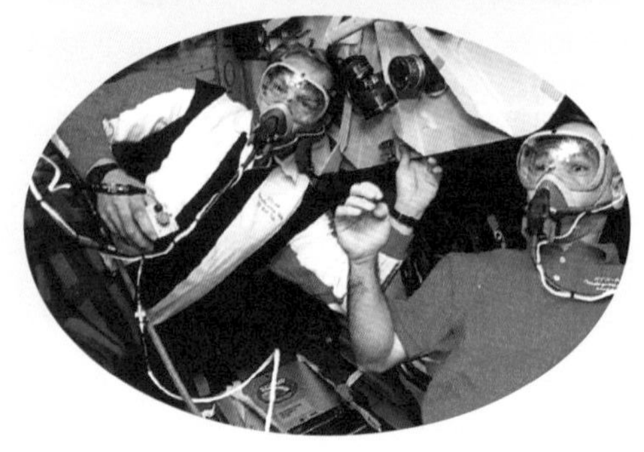

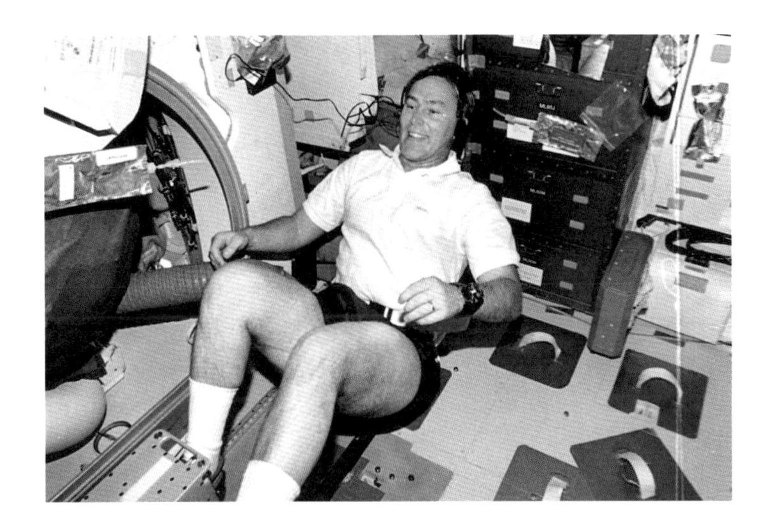

宇航员每天都会在太空中进行身体锻炼，以保持身体健康。图为宇航员杰瑞·L.罗斯正在一辆健身自行车上锻炼身体，每天大约进行2个小时。

当一天的工作结束以后，宇航员就可以休息了。他们最喜欢的一种消遣方式，是透过飞船的窗户遥望地球。很多宇航员都会利用摄影机或者摄像机把自己在太空中的美好时光记录下来，有些宇航员则选择听音乐。

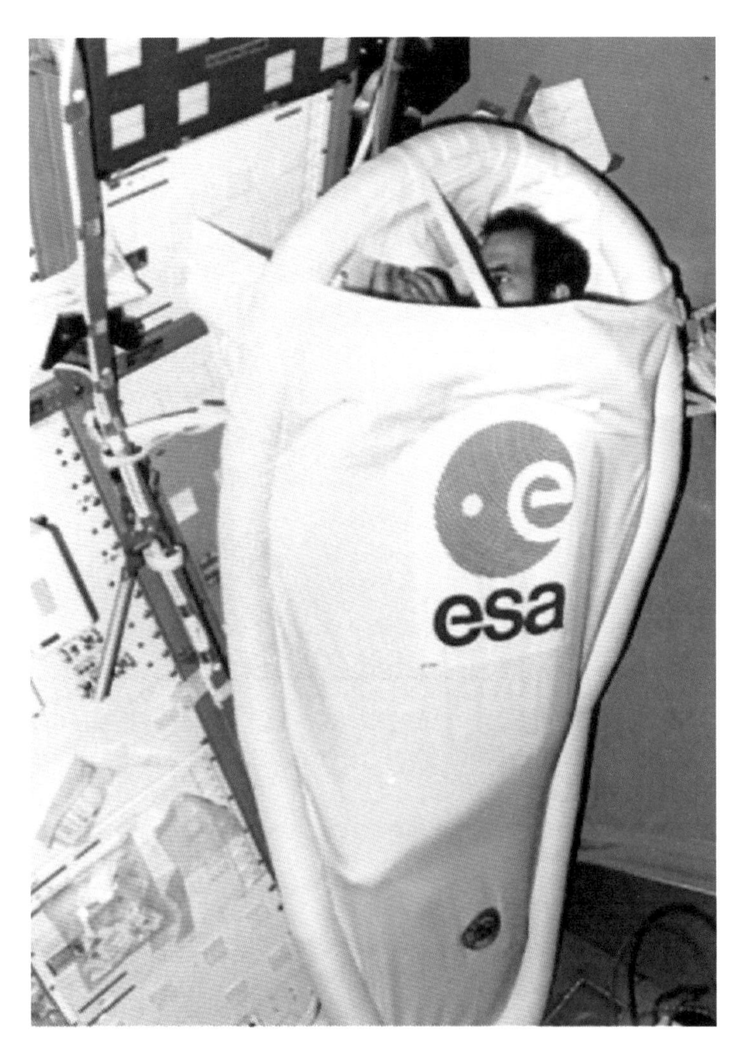

▲ 如果能当上一名宇航员，将是一件非常值得骄傲的事情！图中这名荷兰宇航员正在对一款新式太空床进行检测。这款太空床采用独特的技术研制而成，能在太空失重环境下将宇航员的身体固定住。

睡觉

漫长的一天终于接近尾声，宇航员开始准备睡觉。他们身着内衣或者宽松的T恤、睡裤入睡。通常，宇航员的“床”（卧铺床或睡袋）始终都是暖和的，这是因为有的宇航员刚刚起床开始工作。几米之外，队友们正在明亮的灯光下交谈。因此，宇航员通常会戴上眼罩、塞上耳塞来帮助入睡。在睡觉之前，他们必须将自己的双臂束缚住，否则胳膊就会漂浮起来，甚至干扰到队友的工作。

◀ 航天飞机上，一名宇航员正在对太空睡眠装置进行检测。带有拉链的睡袋能将宇航员牢牢地捆住，眼罩能帮助他们尽快入睡。

未来的职业

要想成为一名航天员，必须具有健康的身体，接受过良好的教育，通常还要拥有自然科学学位。中国的航天员通常都是从空军飞行员中选拔出来的，参选人员需要通过严格的体检、心理素质检测、文化考试等多项测试，最终通过测试的人将有望参加航天员选拔，再接受若干年的航天员训练，才有可能实现飞上太空的梦想。

太空使者——火箭

火箭的工作原理很简单。火箭舱中的气体在压力的作用下，从机舱后部的洞口或喷口喷出，气体向外急喷时会产生同等的力量推动火箭向反方向前进。正是这种力量，带着人们飞向了月球，也把许许多多的人造卫星送上了轨道。

早在13世纪的中国，战争中就出现了用火药做动力的简单的火箭。在1812—1814年，英军对美军的战争中使用了威力更大的火箭，这种火箭带着炸药，能飞两千米以上。然而，真正的火箭技术开始于20世纪20年代，美国科学家罗伯特·戈达德试飞了第一枚液体火箭，在空中上升了56米。

在第二次世界大战中，从德国发射到伦敦上空的V1和V2火箭，让人们第一次见识到火箭作为武器的恐怖力量。从那时起，火箭的威力越来越大，种类也越来越多，其中包括射程达几千千米的大型洲际导弹，能够跟踪目标的低空飞行巡航导弹，追踪热源的空对空导弹，以及手持的反坦克火箭发射器。

▲ 美国航天飞机的发射，当它加速冲向蓝天时，全体宇航员被3倍于重力的力压在座位上。

大开眼界

创纪录的速度

1969年5月，美国国家宇航局的3名宇航员驾驶“阿波罗”10号的指挥舱返回地球（历史性的登月飞行前的最后一次飞月行动）。在进入地球大气层时，他们的速度创造了人类有史以来的最高纪录。就在距地球120千米时，小小的太空船的速度达到了3.99万千米/时。

火箭引擎

火箭燃烧的是燃料和氧化剂组成的混合物。燃料，如煤油或液态氢，燃烧时产生高温气体；氧化剂，如四氧化二氮或液态氧，为燃烧提供必需的氧气。在燃烧室里，高温气体和氧化剂相混合，产生的气体从引擎的喷气口冲出，产生动力推动火箭起飞。大部分太空火箭都使用液态燃料，但一些小型的军用火箭使用固态燃料和氧化剂。

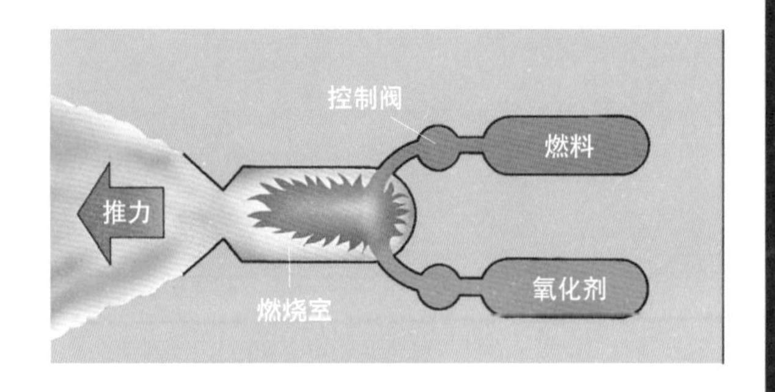

阿丽亚娜的升空

欧洲航天署设计制造的阿丽亚娜运载火箭，是标准的带有 4 个助推器（两个用液体燃料，两个用固体燃料）的三级火箭。它能装配在第一级火箭上，帮助推动沉重的卫星有效载荷。它从南美洲东北角法属圭亚那的科罗发射，沿着预设的发射轨道跨越整个大西洋，建在大西洋中部的阿森松岛和非洲西海岸的加蓬的跟踪站负责对它进行追踪。

第二级

第一级燃料箱和引擎脱落后，第二级引擎喷气口上的保护罩也会自动分离，引擎开始点火，把火箭推进到 140 千米的高空，时速可达 5 千米 / 秒。

第一级和推进器

第一级火箭有 4 个引擎，它能让火箭在不到 4 分钟的时间里冲上 70 千米左右的高空。固态燃料推进器能燃烧不到一分钟，液态燃料能燃烧刚过两分钟，然后，第一级火箭就从整个火箭上分离，坠入大西洋。

第三级

第三级也有一个独立的主引擎。它能燃烧 12 分钟左右，把火箭推进最后的轨道。阿丽亚娜有多种型号，图中所示的是阿丽亚娜 44LP。

下端有效载荷

阿丽亚娜可以携带两枚卫星进入太空并把它们放入不同的轨道。下端有效载荷装在第三级的顶端，它是最后脱落的部分。图中所示的有效载荷还带有保护罩。

▲ 空军三角洲二号火箭从卡纳维拉尔角起飞，机上载有那夫斯达全球定位系统 21 颗卫星中的最后一颗，这 21 颗卫星在 6 个不同轨道上围绕地球运转，向地球传输它们精确的位置和时间。

▲ 中国的西昌卫星发射中心的控制台，中国凭借性能可靠的“长征”系列火箭，成为如今西方商业卫星发射的强有力的竞争对手。

上端有效载荷

阿丽亚娜携带的上端有效载荷是一个科研卫星。它的各种设备和发射器都靠太阳能电池板提供电能。飞行时，太阳能电池板被平折起来放在火箭的头锥体里。大多数卫星发射中，有效载荷的保护罩都会在飞行第二级时自动脱落。

▶ 俄罗斯在白克罗人造卫星发射基地的 SL-4 发射台，1988 年 8 月的苏依兹 TM-6 太空行动中，两名俄罗斯宇航员和一名阿富汗空军军官进入了 1986 年被送入太空的米尔太空站。

幸运的是，人们同样也发明了许多用于和平目的的火箭。一些小型火箭被用作紧急照明弹，帮救援队找到失去动力而在水面漂流的船只；探空火箭把科学仪器送入地球大气层；用火箭发射的通信卫星，可转播全球的电话、广播、电视信号；同样依靠火箭发射的导航卫星，为船只、飞行器和地面旅行者提供精确的定位。

月球火箭

最著名的火箭也许要算美国的“土星”5号了，它在20世纪60年代和70年代间发射了美国国家宇航局的“阿波罗”号登月飞船。

飞船指挥员尼尔·阿姆斯特朗在第一次迈向月球表面时通过无线电波传回了那句著名的话：“这对个人来说只是一小步，但对于整个人类来说却是一大步。”他的话丝毫没有夸张，把人类送到月球，再把他们安全带回地球，的确是火箭工程学上的一大壮举。

在飞行中，火箭的各个组成部分要翻转、分离，再重新组合在一起。这一切都是用操纵系统的喷气管喷出的细小气流完成的。火箭继续飞行时，会把燃尽的机舱一个一个地抛入太空。这个离开地球时的庞然大物，重新回到地球时，只剩下载有3名宇航员和珍贵的月球岩石标本的小指挥舱了。

美国的载人太空飞行计划至1972年的“阿波罗”17号升空终结。至此，共有12名宇航员曾在月球表面行走，其中一些还在月球上驾驶了电动的月球车。宇航员们进行了数百次实验，这项计划耗资800多亿美元。

你知道吗？

月球探险

1969年7月21日，尼尔·阿姆斯特朗，“阿波罗”11号登月计划的指挥官，成为第一个将人类足迹印在月球上的人。在他之后走出“神鹰”号月球登陆车的是埃德温·奥尔德林，此时，登月小组的第3个成员，迈克尔·科林斯正驾驶着哥伦比亚号指挥舱在距他们100千米的上空盘旋。他们于1969年7月16号在卡纳维拉尔角（后改称“肯尼迪角”）点火起飞，3名宇航员坐在当时最大的火箭的顶部。巨人的土星5号（如图）有110米高，在飞行的前3分钟就燃烧掉了超过200万升燃料。为了摆脱地球引力，太空船必须加速到3.9万千米/时以上。

航天飞机

今天的火箭中，最著名也最让人叹为观止的是美国的航天飞机。自从2003年2月，“哥伦比亚”号航天飞机重返地球大气层时不幸遭遇解体后，此类飞行就暂时停止了。巨大的火箭升空时，刚开始升得很慢，像慢动作一样。在炫目的黄白色火柱顶端，火箭逐渐调整着平衡。接着，超过300万千克的推力让它猛然加速冲向蓝天，身后留下一道巨大的白色凝结尾迹。

航天飞机五六米高的运载火箭由3个主要部分组成，宇宙飞船是其中主要的可循环使用部分，它的形状像一个小小的、矮墩墩的飞机。一旦它在太空中的科学任务完成，它就会返回地球，滑行相当长的一段距离着陆。

飞船的外壳大多覆盖着玻璃、陶瓷和碳做成的隔热层，保护飞船在以极快的速度重返地球大气层时不会受损。有些隔热片的散热速度快得难以想象，在1200℃的熔炉里烧得白热的隔热片，几秒钟后就能拿在手里！

飞船有3个主引擎，一些控制方向的小型推进器，可供最多7个宇航员使用的夜间层舱和生活区，还有一个巨大的货舱，它占据了飞船内部的大部分空间。执行科学任务时，飞船携带超过2.9万千克的设备进入轨道。起飞时，飞船紧嵌在巨大的火箭状燃料罐上边，这个高47米、直径8.4米的燃料罐，为飞船的引擎提供液态的氧和氢。液态燃料罐的两侧是两个固态燃料助推器，每一个高45米、直径3.7米。

每一个火箭推进器能提供1300多吨的推

▲ 2011年11月26日，世界上最先进的火星探测车——美国“好奇”号由Atlas V运载火箭发射升空，历时8个多月，行程近9亿千米。2012年8月6日，“好奇”号顺利着陆火星并开始科学实验，揭开了人类探索火星的新篇章。

◀ 还处于试验阶段的“三角快帆”是一种能反复使用的，成本较低的火箭。在试验中，火箭上升了150米，水平移动了150米，然后用起落架垂直着陆。

力——这种推力仅能持续两分钟！两分钟之后，它们的使命——推动差不多 2040 吨重的航天飞机升空——就终结了。推进器从飞船上脱落，挂在降落伞上缓缓落到地面，装上燃料后，它们又可以重新投入使用。

液态燃料箱不断地给飞船的引擎添加燃料，直到飞船进入预定轨道前的最后一刻，然后它也脱落下来。它在穿过地球的大气层时分裂成很小的碎片，最后坠落在大海中。

太空漫步

航天飞机的主要用途是科学研究和发射天气、通信、导航以及军用卫星。航天飞机曾搭载过的最大的有效载荷之一是欧洲的太空实验室——轨道空间站，科学家们在空间站里做了上百次的实验，有些实验还是经中小学生提议进行的。

很多航天飞机的宇航员都经过飞船外活动（常用的说法是“太空漫步”）的训练。宇航员穿着太空服，离开飞船工作。他们所穿的这种精心制作的太空服，每件价值超过 300 万美元！

1994 年，在离地 600 千米高的轨道上运行的巨大的哈勃天文望远镜出了重大故障，一组宇航员设法对故障进行了检修，可以说这是最著名的太空漫步之一。

大部分情况下，宇航员在太空行走时都要用一条长长的安全带和一根给太空服供氧的管子跟飞船连在一起。不过，也有时宇航员会在太空中自由“飞行”——只要背上喷气推力背包就可以了。太空服能使宇航员的身体保持在正常的气压和温度下，还能防止微流星体（一种高速穿越太空的细小的太空粉尘）对身体的伤害。

空间站

空间站（又称太空实验室）是一种特殊的能够绕着地球轨道运行的人造卫星。它不但能够容纳一组科研人员，甚至还能携带研究所需的一切仪器设备，并能在太空中持续工作好几个月。

空间站和其他任何一种太空船的区别是它要长时间停留在自身运行的轨道上，负责操纵驾驶它的宇航员们则乘坐宇宙飞船或航天飞机在地球和空间站之间来来回回，轮流值班。

当然，这会带来各种问题。在登月过程中，阿波罗飞船上的宇航员们在座椅上睡觉，用湿布擦洗身体，在他们穿的太空服下面还有简易的垃圾收集装置。这些装备对于短程太空旅行还算不错，但对于那些要在太空中连续待上好几个月的科学家来说，则需要更好的设备。

在太空中生活

与空间站有关的一切都在提醒我们，那里没有地球的引力（零重力）。因为那里既没有上，也没有下，所以仪器控制面板、工作台、设备和储存柜都在太空船的内部呈一条直线排列。

宇航员是漂浮着的，处于完全失重状态，他们必须要用脚钩住带子，或者穿着带吸盘的鞋，才能把自己固定在空间站里的某一个位置。一位宇航员可能站在地板上，与此同时，另一位宇航员则可能正悬吊在天花板上愉快地工作着。如果一位宇航员掉落了一支钢笔或一把扳手，那么这些东西也只是在它们掉落的那一个位置漂浮；不过像纸张这种轻的东西，会朝着保持飞船内空气循环流通的气孔漂去。睡觉时，宇航员会钻进固定在舱壁上的睡袋里。

保持健康对于宇航员至关重要。许多宇航员在最初几天的失重状态下会患上太空病，不过这会逐渐消退。由于一直以来，人体都是在地球的引力下进化的，所以如果缺少了向下的力，人体就会变形。体液会四溢，从而令宇航员感到脸胀鼻塞。体内的胃也会飘起来，给人一种吃饱了东西的感觉；肌肉也会失去了正常的伸缩性。所以，宇航员们要通过健身车和划船机来保持健康。

尽管在太空中处于零重力，但大多数宇航员的胃口都很好。在早期的空间站里，宇航员们

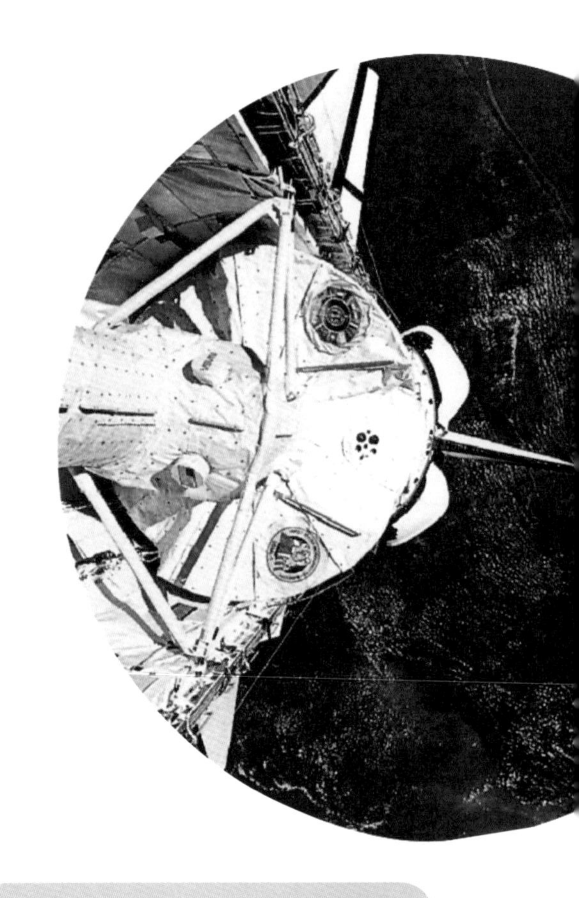

大开眼界

长高的传奇

由于太空中没有重力，所以宇航员在太空中会长高。因为没有重力压迫人体脊骨中的弹性椎间盘，所以脊椎会延长几厘米。不过在返回地球后，很快又会恢复正常。

是将粉末状的食物与热水混合在一个塑料袋里呈糊状，然后吮吸着吃。在现代空间站里，食物已经有了很多变化。热食和冷食都有，并且是放在盘子中用餐具吃。不过，在太空中吃饭还是需要一定的技术，要确保失重的食物能到达嘴里，而不是擦着耳边飘过去。宇航员也需要洗澡和上厕所。洗手间的马桶座下有抽吸装置，它会把人体内的废物抽吸到一个收集器里，然后在收集器里对废物进行消毒杀菌，再储存起来准备带回到地球上去处理。洗澡的时候，宇航员站在一个可折叠的塑料淋浴室里，通过喷溅的水流进行冲洗，与此同时，真空泵（一种吸水、抽水的机械）会将漂浮着的废水珠吸走。

在太空中工作

宇航员们要在运转着的太空试验室里完成一系列的科研项目。其中许多人是在进行生命科学的研究。长时间失重会如何影响人体？失重对人体的疾病会不会产生影响？失重会对细菌、植物的生长、蛾子的飞行能力，以及蜘蛛的织网能力产生怎样的影响？其他一些实验则面向宇宙的深处，探寻遥远的星系、黑洞、辐射源和超新星的爆炸。

你知道吗？

年轻的科学家

“天空实验室”的计划一开始，美国宇航局（NASA）便举办竞赛活动，鼓励学生为这项太空工程设计实验。学生们提出了数以千计的方案，其中已有20多项构想被付诸实施。

在这些优胜者中，其中有一名是来自明尼苏达州的高中学生托德 · 纳尔逊。他设计的实验是：观察蜜蜂、飞蛾和家蝇在零重力的状态下是如何飞行的。另一名优胜者是来自马萨诸塞州的朱迪丝 · 迈尔斯，她设计的实验是将两只蜘蛛送入太空，观察它们如何织网。这两只蜘蛛到了太空后，最初织出来的网都是一团糟，不过它们很快就适应了，并织出近乎完美的蜘蛛网。

其他还有一些实验涉及手眼协调、植物在零重力状态下的发芽情况，以及液体在无重力时会如何流动等。

◀ 这是一张微重力实验室的生动实景照片，它是从空间实验室的主舱里拍摄的。

▲ 沙门氏菌是一种能够引起人和动物食物中毒的细菌。它于2006年和2008年分别借助“亚特兰蒂斯”号和“奋进”号两次被带上太空。令人惊讶的是，这种细菌在太空更显“毒辣”本色，比在地球上的毒性增强3至7倍。

欧洲的空间实验室

空间实验室的各个舱体是由美国航天飞机送入太空的。这幅由画家描绘的空间实验室向我们展示了宇航员们正在各自忙着进行实验研究的场景。

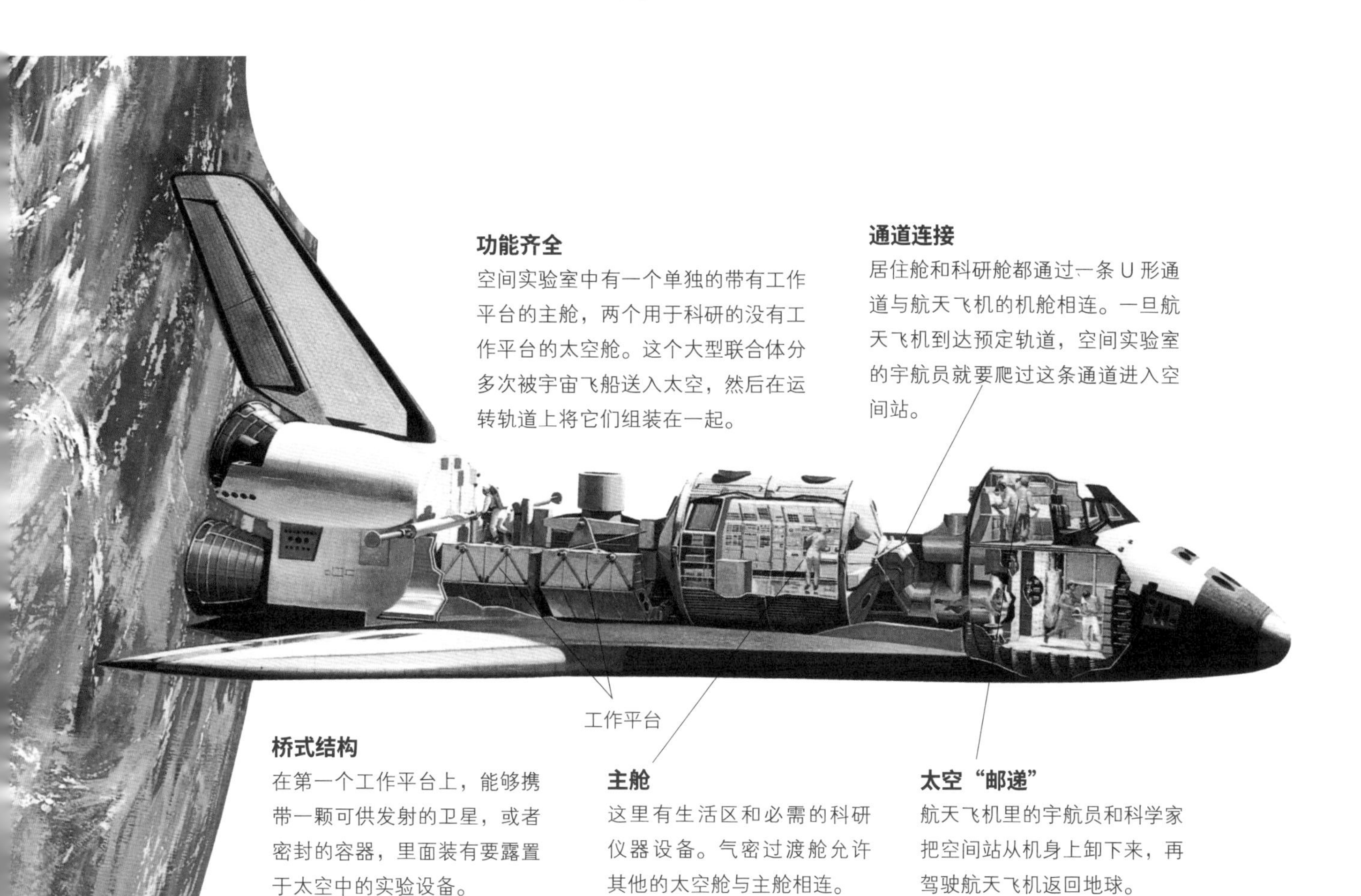

功能齐全

空间实验室中有一个单独的带有工作平台的主舱，两个用于科研的没有工作平台的太空舱。这个大型联合体分多次被宇宙飞船送入太空，然后在运转轨道上将它们组装在一起。

通道连接

居住舱和科研舱都通过一条U形通道与航天飞机的机舱相连。一旦航天飞机到达预定轨道，空间实验室的宇航员就要爬过这条通道进入空间站。

桥式结构

在第一个工作平台上，能够携带一颗可供发射的卫星，或者密封的容器，里面装有要露置于太空中的实验设备。

主舱

这里有生活区和必需的科研仪器设备。气密过渡舱允许其他的太空舱与主舱相连。

太空“邮递”

航天飞机里的宇航员和科学家把空间站从机身上卸下来，再驾驶航天飞机返回地球。

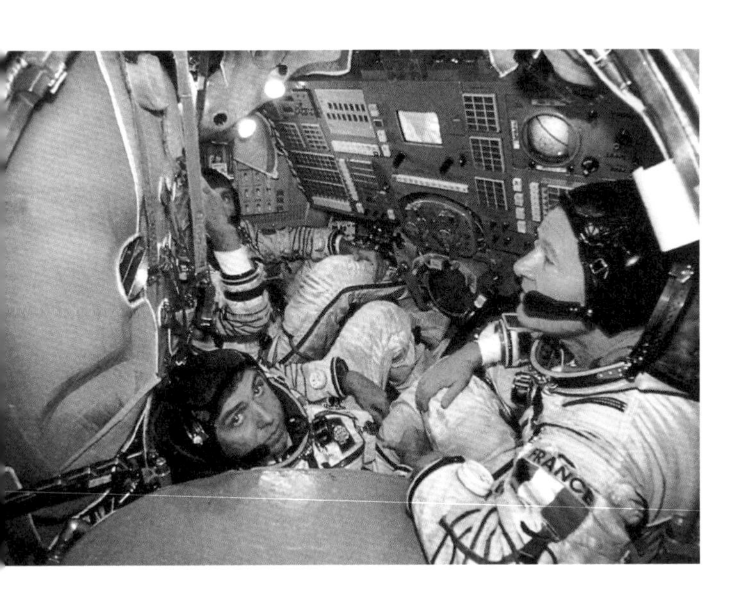

▲ 这是法国宇航员让·卢普·克雷蒂安（欧洲第一个进入太空的宇航员，图中右侧），他曾在苏联的“和平”号太空站上驻留了一个月，这是他在前往太空之前的训练情景。

▲ 由美国和俄罗斯牵头，联合欧空局11个成员国（即德国、法国、意大利、英国、比利时、荷兰、西班牙、丹麦、挪威、瑞典和瑞士）、日本、加拿大和巴西等16个国家共同建造和运行的国际空间站正遨游在太空。它由航天员居住舱、实验舱、服务舱、对接过渡舱、桁架、太阳能电池等部分组成，总质量达438吨，长108米。

▲ 这是“自由”号空间站控制中心的一个仿制品，这个控制中心位于一个主舱的圆顶上，用来控制两台维修机器人在空间站外部的活动。

有一些研究项目关注的是地球，例如监测土地的使用，测量沙漠的蔓延速度，还有人类活动对海洋和大气的影响等。也有一些实验是考察太空实验室的商业用途，例如利用无重力条件形成绝对纯净的、形状完美的晶体，或者利用金属和其他材料制造微型器件。

过去、现在和未来的空间站

长期以来，人们对空间站的构想都只是出现在书籍和电影中，但是在1971年，当苏联将“礼炮”1号空间站送入轨道后，这一幻想就变成了现实。“礼炮”1号长16米，直径4米，重19吨，它在距离地球表面220千米的太空轨道中停留了175天。苏联一共实施过七项“礼炮”

◀ 这是一幅由艺术家描绘的图景，它向我们展示了美国的航天飞机正在与俄罗斯的“和平”号空间站对接的情景。1995年2月，美国的“发现”号航天飞机尝试着进入距离“和平”号空间站10米的范围内。在今天和未来对空间站的研究，还有赖各个国家之间的相互合作。

◀ 苏联的“和平”号空间站高高地漂浮在地球上空，在靠近空间站的尾端，可以看到已经对接上的“联盟”号宇宙飞船，这艘飞船带来了最后一批换班的宇航员，而拍摄这张照片的飞船将在另一端与空间站对接。

号空间站计划。每一项计划都会在前一项目的基础上进行改进。

美国在 1973 年发射了第一个空间站“天空试验室”。它是从巨大的“土星”5 号火箭的第三部分改装而来的。在随后两年多的时间里，有三批宇航员在这个空间站里工作过。1979 年，这个“天空实验室”从轨道中坠落下来，在地球的大气层中烧毁了。

欧洲航天局（ESA）设计了名为“空间实验室”的空间站。这个空间站被分成了一些部件，作为航天飞机的有效载荷，被送入了太空轨道。除了被封闭的主体实验室，“空间实验室”中还有一些 U 形架（水平平台），宇航员用它们在太空环境中做实验。

1986 年，苏联把空间站中最复杂的硬件部分发送到了太空轨道上。它里面含有一个被称为“和平”号的空间站的生活舱，长 17 米，直径 4 米，有两块太阳能电池板为它提供电能。在它的一端的对接舱里有 6 个接口，排列得就像骰子的 6 个面，用来连接其他舱。这些接口还用来与航天飞船进行对接，进行人员更换和补充给养。

1987 年，一个被称为“量子”1 号的天文观测舱又被安装到了“和平”号上，它上面装有 X 射线的天文望远镜，专门用来研究遥远的星系。1989 年，“量子”2 号又被安装到“和平”号上，接着是“水晶”号。“水晶”号上有一个电炉，它被用来在零重力状态下制造金属化合物。此刻，“和平”号的质量已超过了 800 吨，科学家还准备把两个用于科研的太空舱安装上去。但是，由于超期服役，“和平”号的故障越来越多，难以正常运转。2001 年 3 月 23 日，它坠毁在南太平洋的海域中。

今天，空间站的建设依赖于国际间的合作。1984 年，由美国领头筹备了一项大型的被命名为“自由”号永久性轨道空间站计划。经过近十余年的探索和多次重新设计，直到苏联解体、

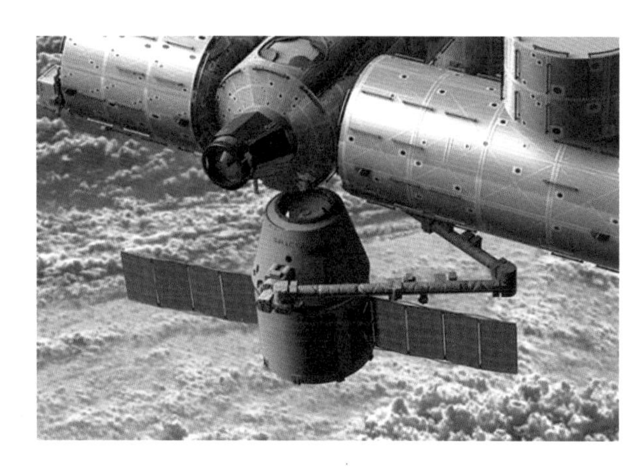

▲ 美国太空探索技术公司发射的“龙”号无人驾驶货运飞船成功与国际空间站对接，自此，美国政府将把向国际空间站送货和运人的任务逐渐外包给私营企业，以便航天局能将精力放在对小行星、火星等更远目标的探索。

▲ 2011 年 5 月 27 日，美国宇航员迈克尔·芬克完成最后一次太空行走，将一根 15 米长的吊杆安装在国际空间站上，使得原本 18 米长的空间站机械臂可以延伸至 32 米以上距离作业，从而宣告国际空间站全部组装完工。

俄罗斯加盟，才于 1993 年完成设计，开始实施，并正式更名为国际空间站。随着项目的进展，陆续有十几个国家参与进来。2011 年 5 月 27 日，国际空间站完成全部组装，成为太空的“巴特农神庙”和面向未来的希望之门。2012 年 5 月 25 日，美国太空探索技术公司发射的“龙”飞船与国际空间站成功对接，成为第一艘造访国际空间站的商业飞船。

空间探测器

1989 年，在离开地球 12 年之后，美国的“旅行者”2 号空间探测器掠过了海王星，这是它长达 60 亿千米的外行星之旅的最后一站。“旅行者”2 号发回的高清晰照片让科学家们新发现了海王星的 6 颗卫星、环绕着星体的美丽光环，还有喷射着黑色烟尘的火山和散落着凝固甲烷云团的天空。

从人类开始步入太空时代到现在，只有几十年的时间，但是在短短的几十年中，人们对太阳系的研究已经发生了革命性的变化。在长达几百年的时间里，天文学家和物理学家都不得不远距离地观测行星，他们期盼的就是有人发明一种新的望远镜，比他们正在使用的更大更好。如今，更大更好的望远镜真的诞生了，不过已经不仅限于经过改良设计的光学望远镜了，现在

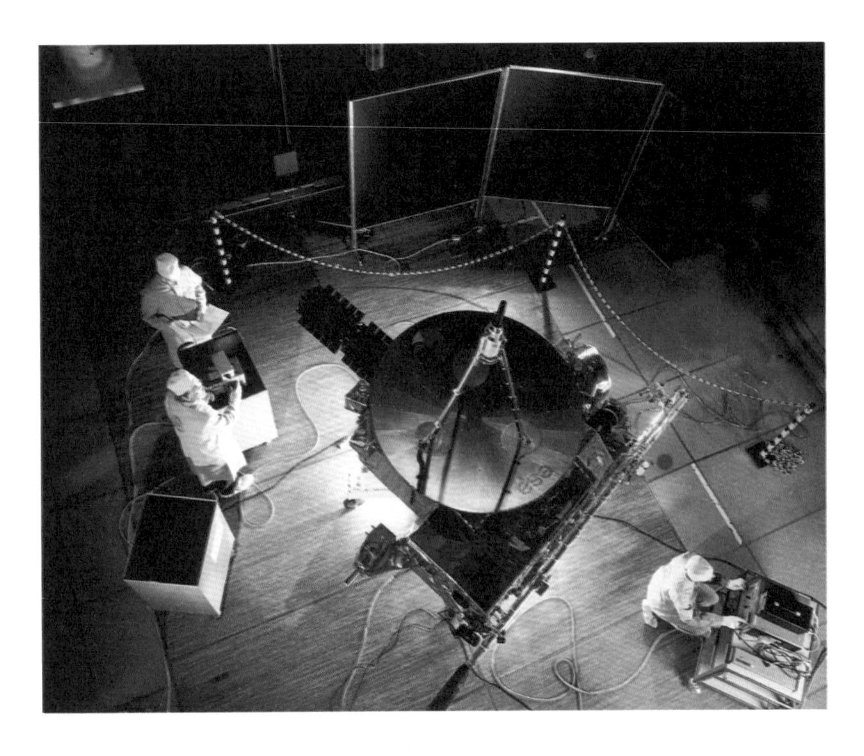

◀ “尤利西斯”号探测器正在一间超净无尘的实验室里接受最后的测试，技术人员全身上下被无尘服严密包裹，以确保不会有灰尘或毛发落进探测器精密的仪器里。

还出现了射电望远镜、远红外望远镜、紫外望远镜和X射线望远镜。每种望远镜都可以“看到”肉眼看不见的来自空间的不同辐射。

人们关于行星的知识在快速地增长，但是仍然有很大的不足。事实上，人们最需要的就是近距离观察。因此，科学家要么飞到那些行星面前，要么把他们的设备送到那里去。

大开眼界

飞向太阳

“尤利西斯”号探测器沿着环绕太阳的轨道运行，并且运行轨道经过太阳的两极上空。从前，人类对太阳的探测仅局限在太阳赤道附近，对太阳的其他区域特别是两极知之甚少，而“尤利西斯”号可以使人们一览太阳的全貌。为了进入正确的轨道，“尤利西斯”号先花了14个月的时间飞向木星，在那里，木星巨大的引力所产生的弹弓效应将探测器向太阳的方向弹射，这样探测器就恰好被太阳引力俘获并沿着极地轨道运行。

1957年，苏联发射了第一颗环绕地球飞行的人造卫星。这颗卫星被称为“斯普尼克”1号，它的直径为58厘米，大约有一个大号沙滩球那么大。“斯普尼克”1号大约每95分钟飞过天空一次，看起来就像一颗小星星，但是全世界的人都紧张地期待着一睹它的风采，无线电爱好者们则热切地聆听着它在发送无线电信号时发出的“哔哔”声。

金星号

自1969年以来，苏联科学家已经向金星发射了十几枚“金星”号探测器。其中早期的几枚登陆金星的探测器都被金星表面的高温和超过地球90倍的大气压摧毁了。

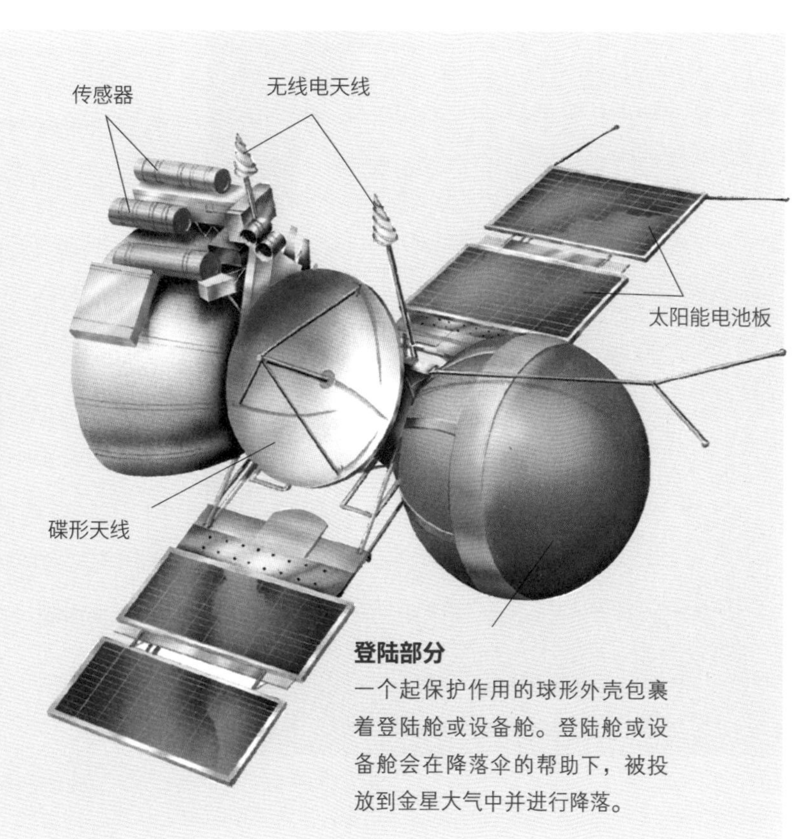

3 个月后，“斯普尼克”1 号卫星脱离了轨道，在大气层中烧毁了。不过这只是一个开始。两年以后，苏联和美国的空间探测器都成功摆脱了地心引力飞越了月球。1959 年 9 月，苏联的“月球”2 号探测器第一次实现了在月球上的硬着陆（以撞击的方式着陆）。这个壮观的场面宣告了人类探索邻近星球的开始。

太空之旅

从 20 世纪 60 年代中期开始，美国和苏联开始向越来越远的太空发射科研探测器。1965 年，美国的“水手”4 号发回了火星表面的照片。一年后，苏联的“月球”9 号实现了在月球上的第一次软着陆，并发回了近距离的照片。1967 年，苏联的“金星”4 号探测器发回了关于金星大气的数据。1970 年，“金星”7 号登陆金星表面，并发回了星球表面的大量数据。20 世纪六七十年代，美国发射了一系列“水手”号和“海盗”号空间探测器，一直把注意力集中在火星上。而苏联则发射了更多的“金星”号探测器，持续关注着金星。

▲ 这是“水手”10 号于 1974 年在 20 万千米的高空拍摄的金星表面图片。这张图片是由无数单独的照片拼接而成的，并且经过重新着色，以呈现出这颗行星的自然视觉效果。

20 世纪 70 年代早期还出现了几次更为复杂的太空探索任务——空间探测器开始飞越带内行星，穿过小行星带飞向木星和其他巨型带外行星。“先锋”10 号是最早的此类探测器之一，它于 1972 年 3 月在美国佛罗里达州的卡纳维拉尔角发射成功。1973 年 12 月 3 日，“先锋”10 号掠过木星，发回了关于木星大气和辐射带的大量数据。由于无法减速，“先锋”10 号继续前进。1986 年，它飞越了太阳系边缘的冥王星轨道，成为第一个飞离太阳系的空间探测器。

高难度的发射技术

想象一下，你坐在游乐场里高速旋转的椅子上，在远处有一个人乘着过山车经

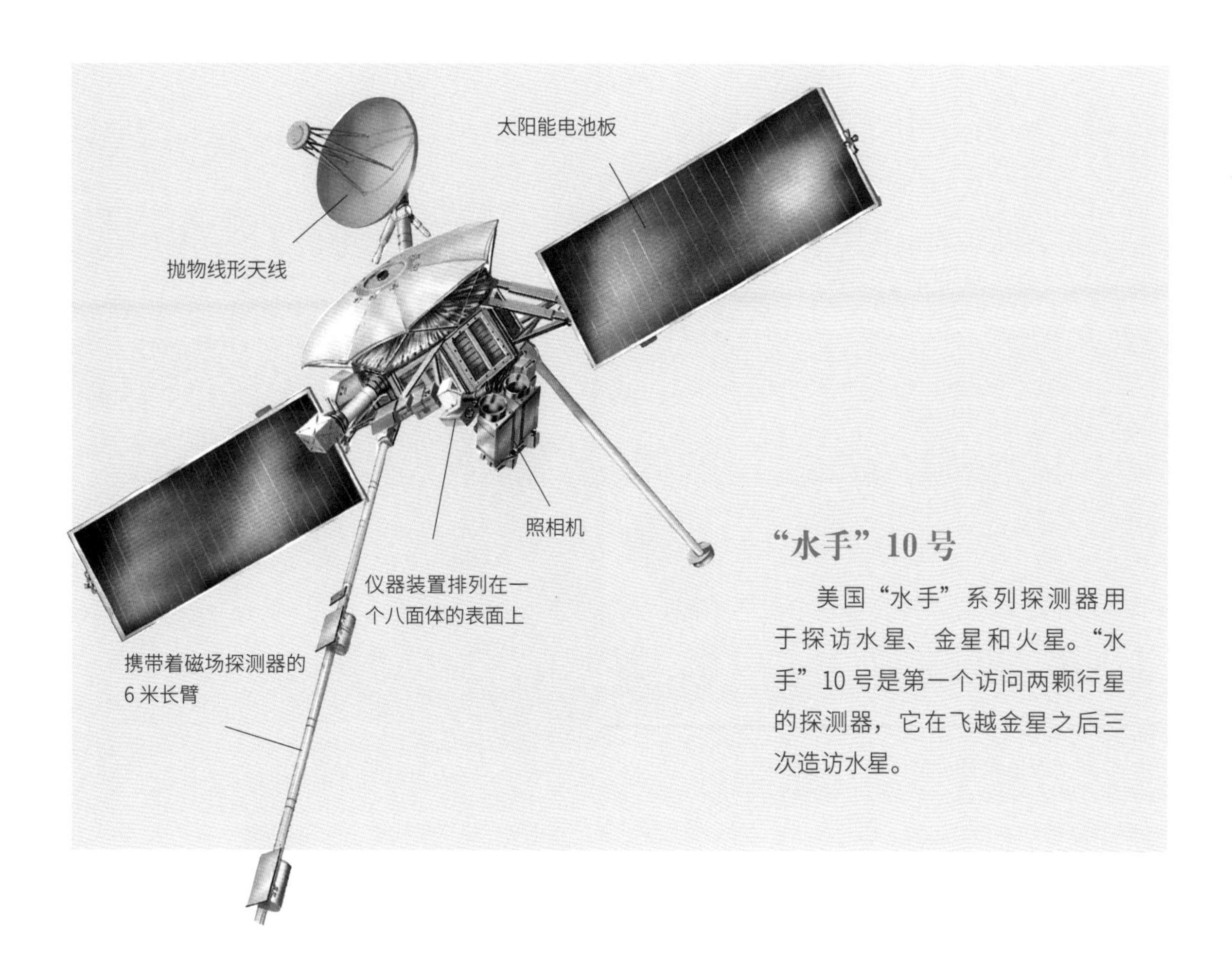

“水手”10号

美国“水手”系列探测器用于探访水星、金星和火星。“水手”10号是第一个访问两颗行星的探测器，它在飞越金星之后三次造访水星。

过轨道的顶端，这时你要将手里的球扔给这个人。而将探测器送到一个遥远星球的轨道上就与此有些类似。

第一个问题就是，我们的发射平台——地球不是静止不动的，而是以超过10.7万千米/时的平均速度围绕着太阳公转的。此外，来自地球的卫星——月球的引力，使得地球的绕日轨道发生晃动，而不是沿着平滑的路径旋转，这就令发射工作变得更加困难。同时，地球也沿着自转轴像陀螺一样不停地自转。

第二个问题是，目标行星同样也沿着自己的轨道围绕太阳公转，而且也很有可能因为卫星的引力而发生公转轨道的形变。

发射探测器需要令探测器具有足够的速度来脱离地球引力的束缚，此外还要有额外的速度来保证探测器能够飞到目标行星的轨道上。太阳巨大的引力可能会使探测器围绕着太阳飞行，所以还需要将探测器发射到距离目标行星很近的轨道上去，近到足以使探测器被行星的引力所束缚。根据探测器与行星之间的接近程度，探测器可能会飞越行星上空进行拍照和测量，也可

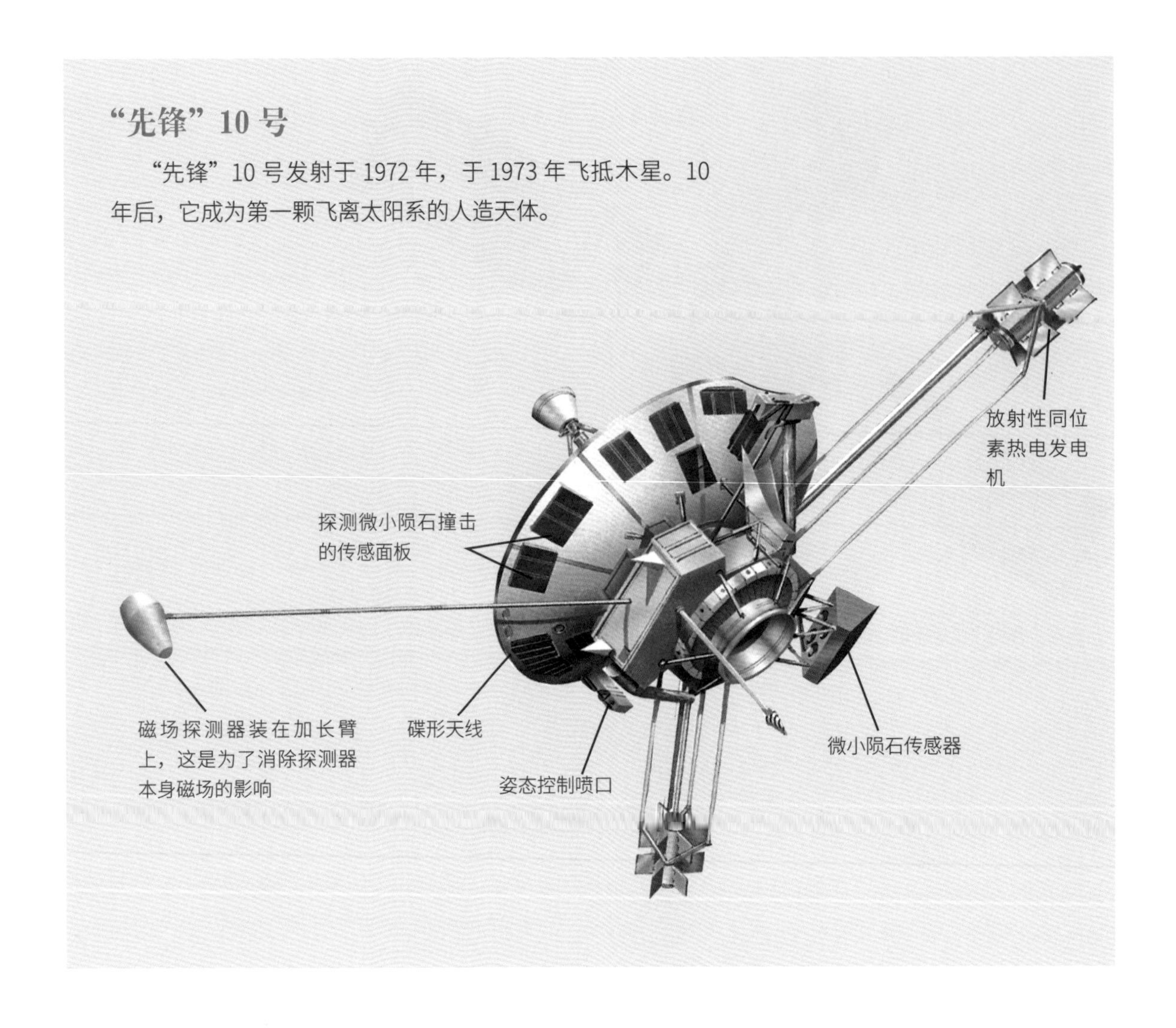

能被行星引力所俘获并停留在环绕行星运行的轨道上，甚至还可能降落到行星表面上。

当运用到弹弓效应时，发射角度及速度的计算就变得更为复杂。弹弓效应是指当空间探测器接近一颗行星时，它会被这颗行星的引力所俘获并加速，然后再被抛掷出去开始下一段旅程。像“旅行者”2 号这样的远程探测器就利用了弹弓效应。当探测器接近土星、天王星和海王星时，同样的过程还会重演。每一次飞越行星上空时，行星的引力都会对探测器进行加速。“旅行者”2 号的最后一次加速是绕着海王星最大的卫星“特里顿”进行的，这次加速将探测器送上了飞离太阳系的轨道，此后它开始了遥远的征途，飞向了茫茫宇宙的深处。

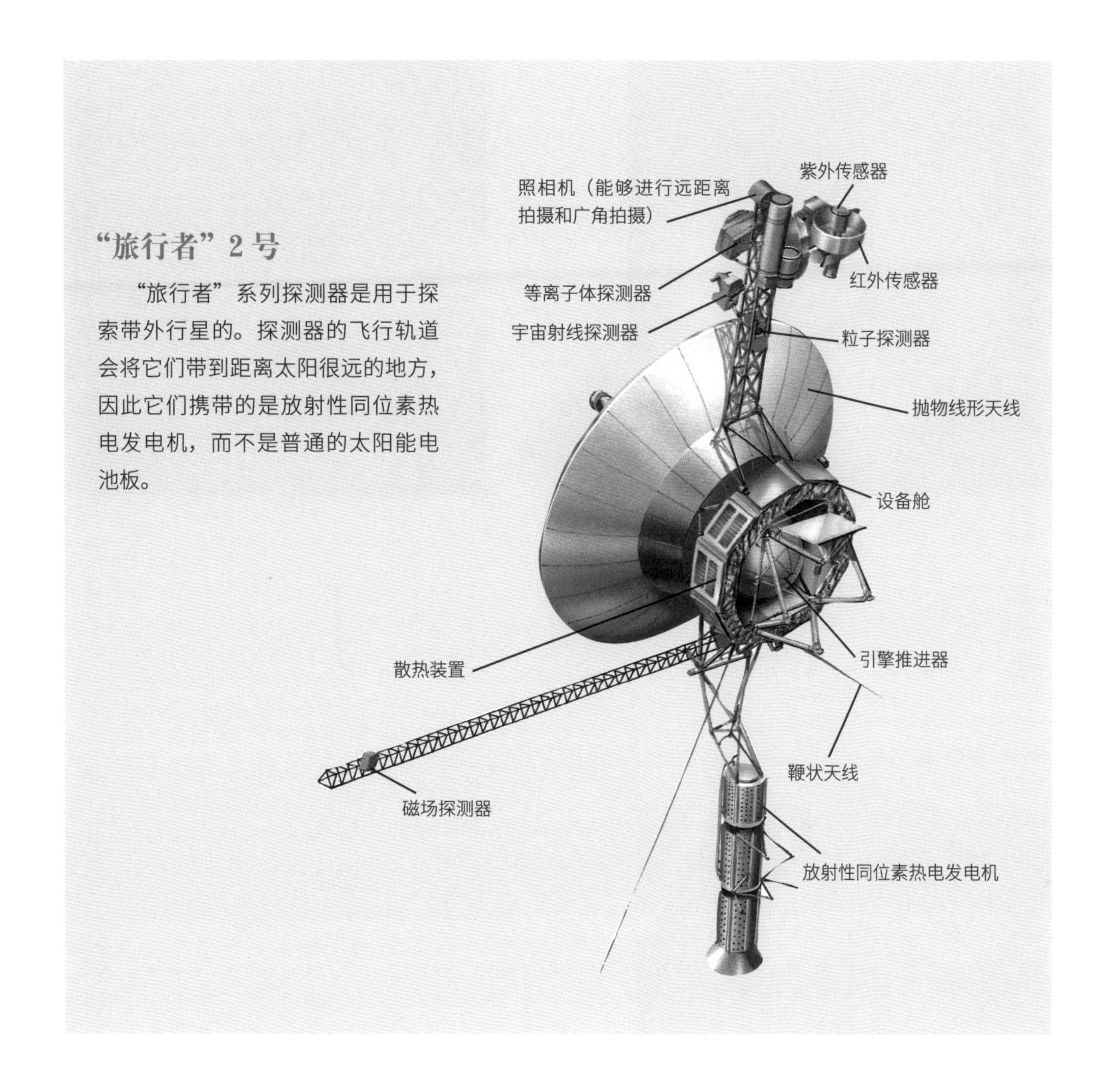

“旅行者”2号

“旅行者”系列探测器是用于探索带外行星的。探测器的飞行轨道会将它们带到距离太阳很远的地方，因此它们携带的是放射性同位素热电发电机，而不是普通的太阳能电池板。

遥远世界的图景

空间探测器上装备了很多用于收集被访行星数据的设备，而且配备有编码和传输系统，可以通过无线电将数据传送回地球。当“旅行者”2号到达海王星时，它发出的信号要经过4个小时才能到达地球上的控制中心。

除了拍摄普通的可见光、红外线和紫外线照片，空间探测器还载有各种仪器，可以测量行星温度，分析大气成分，测量辐射带和磁场（如果行星周围存在磁场的话）。雷达可以用来制作行星表面的精细地图。在某些情况下，探测器自身或者一个独立的设备舱会登陆行星表面，去分析它的土壤成分，寻找矿石、水甚至生命的迹象。

▲ 这是“旅行者”1号在1800万千米的高空拍摄的土星。土星有63颗卫星，还有太阳系中最为壮观的光环，但是星体表面却没有什么突出的地貌特征。由氢和氦组成的大气形成了薄薄的一层，大气涡流的速度可达1800千米/时。

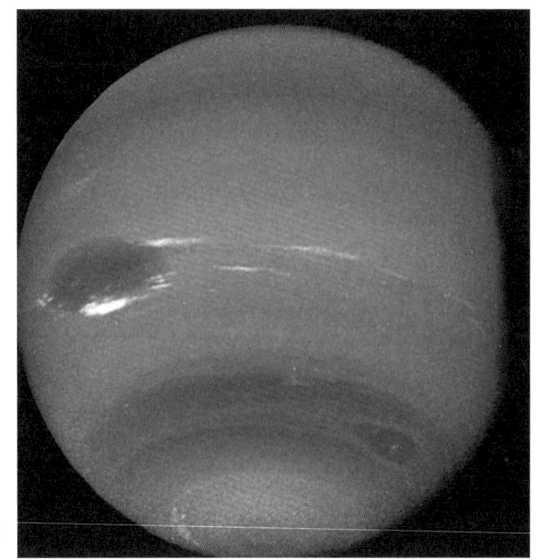

▲ 当“旅行者”2号于1989年飞经海王星时，探测器上的窄角照相机对这颗行星的大气涡流拍摄了一系列照片。照片上的黑斑是尺寸如地球般大小的风暴，明亮的部分是凝固的甲烷云团。

◀ 这是由“陆地卫星”4号拍摄的纽约市照片，从照片中我们可以看到哈德逊河的码头、纽约中央公园、赛车跑道和三个飞机场。

从太空监测地球

几十年来，卫星上的遥感设备一直在为我们提供关于地球的数据。例如来自美国“陆地卫星”的图片就被用于研究海岸的污染、监测沙漠的扩大化和热带雨林的缩小、制作降水和土地利用示意图，以及寻找新的矿藏。

宇航服

宇航员在舱外活动时穿的衣服简直就是一个小型的"太空舱"。每套衣服都是一个由空气、温控装置、通信设备和背包式喷气推进器组成的生命维持系统。

▲ 布鲁斯·迈克坎德勒斯正在"挑战者"宇宙飞船附近进行太空行走，这是首次使用背包式喷气推进器，这是一大进步，因为这项设计把宇航员从固定的安全绳中解放了出来，让他们拥有了更大的活动自由。

20 世纪 60 年代执行"阿波罗"登月计划时期，你若要穿上一件当时的宇航服，需要在别人的帮助下花费至少半个小时才能完成。相比之下，今天的航天飞行员只用 5 分钟就能独自一人穿上最新式的宇航套装。

在宇航服里，宇航员穿着的内层服装上遍布着细小

测试与训练

对宇航员进行失重适应训练很有难度，因为训练所需的环境不可能在地球上重现，要体验真实的情况只能到轨道上去。但是有两种方法还是有用的，因为它们能模拟最接近的效果。首先，宇航员乘坐飞机在滑坡铁轨上飞行，飞机飞到轨道的弧形顶端时，受训的宇航员此时就处于失重中，他可以自由地在飞机的机身中飘浮。另一种方法是利用水的浮力创造一种零重力的感觉，宇航员要进入到一个大水池，穿的是一套已经调节过重量的宇航服，这样他在水中就既不会下沉，也不会上浮。受训者就在水中完成各种各样的任务，比如把带螺母和螺栓的元件组合在一起。

图中所示的是一位宇航员在测试为"自由"号太空站工程设计的新型宇航服。这种宇航服比现在的宇航服在工作时有更高的氧气压力，这样可以省去为了怕得"高空病"而不得不做的"预先呼吸"这个环节。

的塑料导管，其中流动着冷却剂，起着降温和换气的作用，内层服装同时还设计有人体废物收集系统。

要穿上宇航服的主体部分，宇航员得先踏进柔韧性比较好的下半部分——裤子和靴子里；然后屈膝，钻进上半部分最下面的开口处——这部分固定在舱壁上的框架里；接着举起双手，在套装里站直身体，内层服装上的冷却剂导管会连到外部导管，再连到外部冷却装置上，管子里的冷却剂就在背包里进行循环；最后，宇航服的上半部分与下半部分通过腰部的一个铝制圆环锁紧紧地嵌合在一起。下一步，宇航员要戴上一个密封的、柔软的布制头盔，里面装着通信用的耳机；戴上手套，手套和宇航服的袖子也通过密封环形锁相连；外层头盔有镜子似的面盔，它是整套服装的最后一个部分，带有生命维持系统的背包固定在宇航服的背面，它很坚硬，为了减轻重量，它是用玻璃纤维制成的。一旦空气开始流通，温控系统和通信线路检查无误后，宇航员就可以走出飞船了，在货舱上作业，或者修理卫星。一个电脑系统时刻监控着宇航服的各项功能，要是出了什么问题，它会提出最佳的应对方案。

整装待发

2008 年 9 月 28 日 17 点 37 分，中国“神舟”7 号飞船成功着陆，它是中国第三个载人航天飞船。在这次试验中，宇航员翟志刚身穿中国自主研制的“飞天”舱外宇航服首次实现太空漫步，标志着中国成为全世界第三个有能力把人送上太空并进行太空漫步的国家。

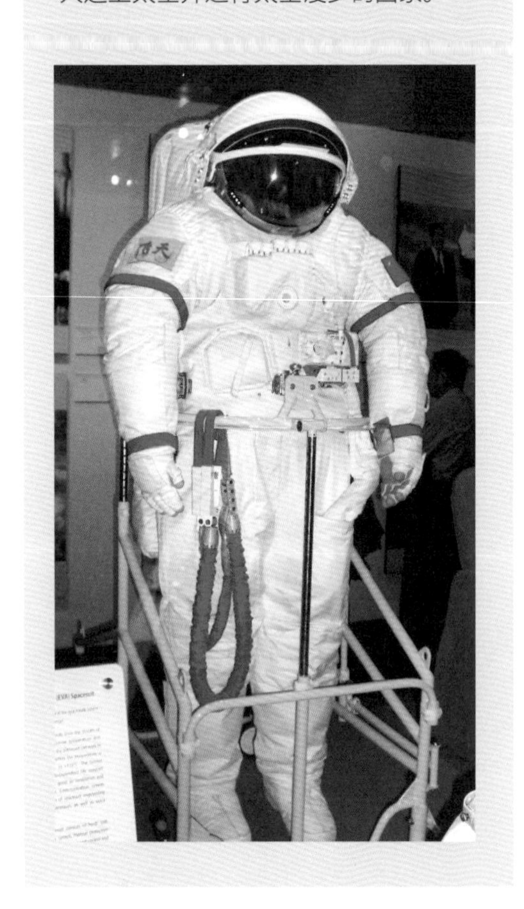

载人运动装置

如果宇航员需要去飞船外活动，或者要到另一个轨道的航天器上去，比如太空站，他就得用一个背包式喷气推进器。推进器平时存放在负载舱的舱壁上，宇航员把它取下来，安放在背后。自动锁会把推进器固定在宇航员后背的生命维持系统上，电缆连接器把推进器连接到宇航服前胸的显示控制器上。

背包式喷气推进器的四周有 24 个喷气管，它们喷出氮气来产生推动力，宇航员通过右手控制器来调节方位——往上、往下、向左、向右，左手控制器则控制直线运动。

一个在舱外活动的宇航员就像一个深海中的潜水员，得靠圆筒气缸或者管子来供应呼吸所需的气体，得穿上特制的服装来保护自己，不受周围环境的伤害。舱外活动和潜水甚至在需要做的准备上也很相似，宇航员在飞船的船舱里呼吸的是氮氧混合的空气，但宇航服里供应的是压力比较低的纯氧气。如果从一个环境径直进入另一个环境，宇航员的血液中就会产生氮气气泡，身体状况变糟，患“高空病”。所以，在进行舱外活动之前的两个小时，宇航员就要预先呼吸纯氧，来“洗掉”血液中的氮气。

▲ 这款马克Ⅲ型宇航服的样服曾在亚利桑那州接受美国航空航天局沙漠研究与技术攻关小组的测试。这里的沙漠气候变化多样，地形崎岖复杂，是地球上最接近月球表面地形的地方了。

你知道吗？

宇航服的发展

早期的宇航服来源于美国海军的战斗机飞行员所穿的飞行服，它们被用于“水星与双子座”太空行动中，那时的宇航服还必须按照每个宇航员的身材量身定做，后来，美国太空总署设计出了可以重复使用的宇航服，就是现在宇航人员穿的这种。

宇航服发展史上一个里程碑是便携式生命维持系统的发明，这项设计使宇航员摆脱了输送氧气和供应能源的线缆，方便他们离开母船自由活动，没有这项设计，当初的“月球漫步”就不可能实现。

太空望远镜

从天文学的角度看，在地球上观测太空，即使用最清晰的望远镜，也好像是在透过多年未曾擦拭的玻璃观察一样。但是在远离地表的高空中，我们可以通过太空望远镜和其他仪器，不受干扰地观察其他行星和恒星，以及茫茫宇宙的深处。

地球的大气层由于自然事件和人类活动的影响，已经受到了严重的污染。这些污染物质包括来自海洋和湖泊的水蒸气、小水滴及食盐晶体，来自火山和沙漠的尘土，来自森林火灾、工厂的烟尘粒子，以及来自汽车、工厂的有害气体与烟雾等。

污染物质大多集中在大气的最下层，这就意味着它们严重影响着地球上的观测仪器。例如，水蒸气限制了对红外线和无线电波的观测，尘土、烟尘粒子和云朵中的小水滴干扰了对可见光的观测。此外，由于大气层的吸收作用，要在地球上观测到波长比紫外线还短的光波几乎是不可能的。

所以，世界上最大的望远镜总是建在远离大城市的高海拔地区（海拔通常为 2500 ~ 4000 米），如夏威夷的莫纳克亚山、智利中北部的安第斯山、澳大利亚悉尼西北部的赛丁泉山，以及加利福尼亚州南部的一些山峰上。

逃离地球

1957 年，第一颗人造卫星进入了地球轨道，从此开启了天文学的黄金时代。之后，科学家们很快认识到，围绕地球轨道运行的航天设备可以为我们提供一个稳定的观测平台，因为它们远离地球，完全不受朦胧的大气层的影响。

最早的观测设备是于 1962—1971 年陆续发射升空的“轨道太阳观测台”系列卫星（OSO），以及发射于 1968 年的“轨道天文台”（OAO），“自由”号 X 射线天文卫星（1970 年）和“哥白尼”号卫星（1972 年）。第一枚“高能天文台”（HEAO）于 1977 年发射，接着 HEAO-2 和 HEAO-3 相继于 1978 年和 1979 年发射升空。HEAO 系列卫星是当时运行在地球轨道上的最重的卫星。接

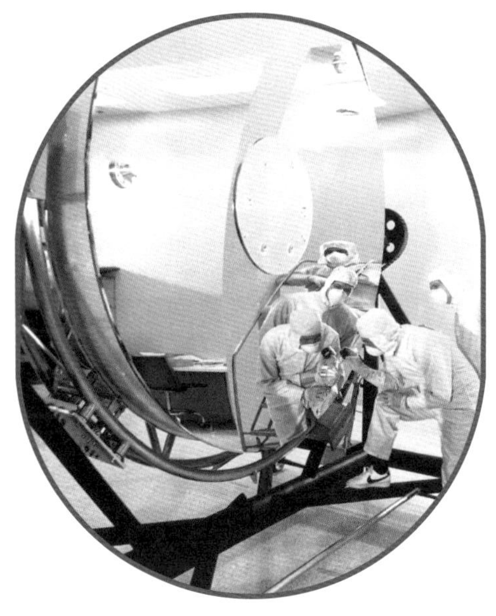

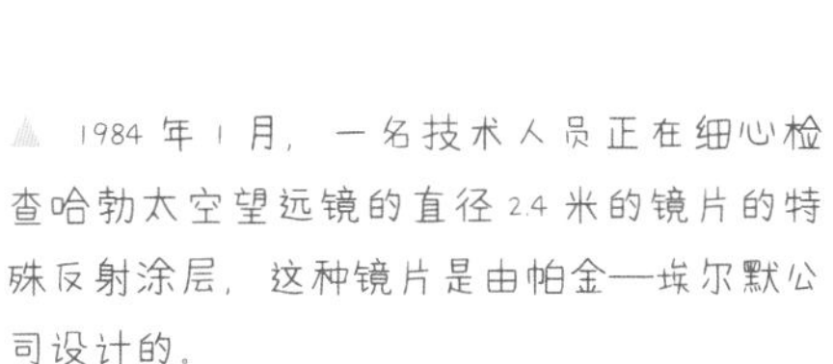
▲ 1984 年 1 月，一名技术人员正在细心检查哈勃太空望远镜的直径 2.4 米的镜片的特殊反射涂层，这种镜片是由帕金—埃尔默公司设计的。

▲ 欧洲航天局（ESA）将四颗一模一样的“星簇”卫星发射到了绕地球运行的轨道上，用来研究太阳辐射对地球磁场的影响。图中，在“星簇”卫星发射前，工作人员正在无菌实验室里对它们进行严格的检查。

▲ 国际空间站是由多国合作研发的太空计划。1998 年，它的第一个组件“曙光”号功能货舱发射升空，此后，“团结”号节点舱、“星辰”号服务舱、“命运”号实验舱等相继升空并与“曙光”号成功对接。2000—2006 年，宇航员被送至空间站，国际空间站进入了最终装配和应用阶段。国际空间站上装备了先进的望远镜和其他探测设备，科学家们对它寄予厚望，希望它能探测到更多来自宇宙的信息。

着，全球联合探索宇宙的计划开展起来了。1978 年，“国际紫外探险者”卫星发射成功，它探测到了来自外太空和黑洞的射线。

100 吨的美国空间站“太空实验室”号（1973 年），运载着一台用来研究太阳的特殊望远镜；于 1986 年启动的 800 吨的苏联“和平”号空间站，运载着一台用来研究超新星的 X 射线望远镜。目前最活跃的空间站——由美国、英国、日本、俄罗斯、加拿大等 16 个国家联合建造的国际空间站，则装备有最先进的望远镜和探测器，可以探测更多来自脉冲星、类星体和黑洞的信息。

哈勃太空望远镜是最著名的望远镜之一，它位于距离地球表面 620 千米的轨道上，是在 1990 年由“发现”号航天飞机送至轨道的。哈勃望远镜的主体是一个长 13

▲ 伽马射线观测台（GRO）是由"亚特兰蒂斯"号航天飞机于 1991 年发射升空的。它能探测到并精确地测量出来自脉冲星和类星体的伽马射线。

空前清晰的土星

没有地球大气层吸收各种波长的光，哈勃望远镜拍摄的土星照片比从地球表面拍摄到的任何照片都要清晰。土星中心的这个巨大的白斑是一个大规模的风暴系统，它有大约 12500 千米宽。风暴云团是暖气流上升，遇到冰冷的高层大气而形成的氨的晶体。

米、直径 4.3 米的铝制圆筒，望远镜主镜的口径达 2.4 米。来自主镜的光被聚焦在一个较小的镜片上，这个镜片将光反射到分别负责探测不同电磁波的五个独立仪器上。哈勃望远镜观测到的图像为天文学家和天体物理学家做出了巨大的贡献。

◀ 1997 年，在发射升空 7 年后，几名宇航员搭乘"发现"号航天飞机升空，对哈勃太空望远镜的镜面瑕疵进行了维修，成功修复后，哈勃望远镜继续执行太空探测任务。2009 年，宇航员再次对哈勃望远镜进行维修。